Kurt Häfner
Martin Häfner

Typenprofile und Prospekte
Die Geschichte der Eckhauber
von 1915 bis 1960

Kosmos

Mit über 50 zum Teil mehrfarbigen und mehrseitigen Werbe-Prospekten, Typenblättern, historischen Werbeanzeigen, Firmenlogos und Fotos in ihrer Originalfarbe. Sie stammen aus dem Archiv von Kurt Häfner. Den auf S. 25 beginnenden Prospekt stellte Klaus Holl zur Verfügung.

Lektorat und Herstellung von Siegfried Fischer, Stuttgart

Umschlag gestaltet von Atelier Jürgen Reichert, Stuttgart. Das Bild auf der Vorderseite zeigt den Dreiseitenkipper 630 L 2, die Rückseite einen Diesel-Lastwagen vom Typ MK.

Die Deutsche Bibliothek – CIP-Einheitsaufnahme

Ein Titelsatz für diese Publikation ist bei Der Deutschen Bibliothek erhältlich

© 2000 Kosmos Verlags-GmbH & Co., Stuttgart
Alle Rechte vorbehalten
ISBN 3-440-08113-3
Printed in Czech Republic/Imprimé en République tchèque
Satz: Typomedia Satztechnik, Ostfildern
Druck und Bindung: Těšínská Tiskárna AG, Český Tesín

Informationen senden wir Ihnen gerne zu

Bücher · Kalender · Spiele · Experimentierkästen · CDs · Videos · Seminare
Natur · Garten & Zimmerpflanzen · Heimtiere · Pferde & Reiten · Astronomie · Angeln & Jagd · Eisenbahn & Nutzfahrzeuge · Kinder & Jugend

KOSMOS Postfach 10 60 11
D-70049 Stuttgart
TELEFON +49 (0)711-2191-0
FAX +49 (0)711-2191-422
WEB www.kosmos.de
E-MAIL info@kosmos.de

Inhalt

Ein Wort vorab

Liebe Leser,
das vorliegende Werk versucht, dem Liebhaber historischer MAN-Lastwagen einen Einblick in vergangene Tage zu geben. 45 Jahre Lkw-Bau bei MAN waren geprägt von politischen, wirtschaftlichen und technischen Umbrüchen. Zwar greift die vorliegende Prospektezusammenstellung lediglich an technischen und optischen Details an, doch der Leser sollte diese Bilder im Gesamtzusammenhang sehen. Erst wenn man bedenkt, daß sich diese Epoche des Lkw-Baus durch zwei Weltkriege hinzog, die in engem Zusammenhang mit Weltwirtschaftskrise, Diktatur, Rohstoffknappheit und Wiederaufbau stehen, so ergibt sich ein schlüssiges Bild. Die Langzeitwirkung dieser Probleme hat sich auch bei der Recherche gezeigt:

Oft sind Unterlagen nur noch teilweise vorhanden, so daß keine lückenlose und punktgenaue Zusammenstellung der Modelle und Bauzeiten möglich ist. Insbesondere beim Vergleich verschiedenster Publikationen, die sich mit diesem Thema beschäftigten, wurde deutlich, daß sich Informationen teilweise widersprechen, oft auch mangels Literaturmaterial die spärlichen Informationen interpretiert werden, um somit Hinweise auf etwaige Zusammenhänge zu gewinnen.

Problematisch scheint in diesem Zusammenhang auch eine eindeutige Abgrenzung zwischen Lkw-Modellen, die noch auf Saurer-Entwicklungen aufbauen, und Lkw-Modellen, die bereits selbstständig von MAN entwickelt wurden. Zwar wurde die Firmierung „MAN-Saurer-Lastwagen GmbH" bereits 1918 in „MAN-Lastwagenwerke" geändert, doch es bestanden weiterhin Vertragsbeziehungen bis 1931. Diese Übergangsphase wird im Prospekt auf Seite 13/14 deutlich: Die Umfirmierung ist bereits vollzogen, trotzdem will man auf die Qualitätsbezeichnung „Saurer" vorläufig noch nicht verzichten.

Bewußt wurde auf Seite 85/86 auch ein Prospekt aus der Zeit der nationalsozialistischen Reichsregierung ausgewählt, um zu zeigen, mit welchen parteikonformen Werbemaßnahmen Unternehmen in dieser Zeit arbeiten mussten. Wollten einzelne Unternehmen hier eigene Wege gehen oder zeigten Widerstand gegen die Machthaber, so war mit Sanktionen, im schlimmsten Fall sogar mit Produktionsstopp zu rechnen.

Ein besonderes Anliegen war es, die parallel zur Lkw-Entwicklung verlaufende Omnibusentwicklung wenigstens ansatzweise aufzuzeigen.

In den Anfangsjahren unterschieden sich Bus und Lkw nur im Aufbau. Das Führerhauskonzept mit Sitz hinter der Vorderachse war gleich. Diese Eckhaubervariante wurde Mitte der 30er Jahre durch eine völlig neue Frontlenkerlösung ergänzt. Bei dieser Variante wurde der Fahrersitz links vom Motor, vor der Vorderachse angebracht. Wie bei vielen Unternehmen wurden beide Varianten auch bei MAN über viele Jahre parallel gebaut.

Bei dem kurzen Überblick über 45 Jahre Lkw-Geschichte kann auf Motorenprospekte, die bei MAN ebenfalls zahlreich gedruckt wurden, kaum verzichtet werden. Aus diesem Grund sind auch wenige Motorenprospekte enthalten, vorwiegend kann der Zusammenhang zum dazu gehörenden Lkw hergestellt werden.

Besonderer Dank gilt allen Mitarbeitern, sowie sonstigen Personen, die durch Anregungen und Kritiken die Entstehung dieses Buches unterstützt haben.

Für die freundliche Unterstützung mit Prospektmaterial soll an dieser Stelle dem MAN-Werk München, dem Verkaufshaus Regensburg sowie Herrn Klaus Holl gedankt werden.

Die abgedruckten Prospekte stellen eine Auswahl aller in diesen Jahren gebauten Modelle dar.

Auch ohne Anspruch auf Vollständigkeit zu erheben, hat der Leser hier dennoch die Möglichkeit, sich ein Stück Lastwagengeschichte bei MAN „ins Wohnzimmer" zu holen.

Viel Spaß dabei!

Kurt und Martin Häfner
Im März 2000

Firmengeschichte in Stichworten

Augsburg:

1840 Ludwig Sander und Gaspard Dollfus gründen eine **Maschinenfabrik in Augsburg**. Betriebszweck ist der Bau von Maschinen aller Art.

1844 Verpachtung an Carl August Reichenbach und Carl Buz. Es werden Dampfmaschinen, Dampfkessel, Wasserräder, Turbinen, Transmissionen, Mühleneinrichtungen und Pumpen gefertigt.

1855 C. Buz und C. Reichenbach kaufen L. Sander das Fabrikanwesen ab.

1857 Durch den Besitzwechsel und stark steigenden Auftragsbestand wird das Missverhältnis zwischen verfügbarem Kapital und Ansprüchen des Betriebes immer größer. Deshalb wird über neue Formen der Unternehmensfinanzierung nachgedacht. Die Gründung der Aktiengesellschaft

"**Maschinenfabrik Augsburg**" und die damit verbundene Aktienausgabe bietet Spielraum für die notwendigen Investitionen.

1873 Die Expansion des Unternehmens schreitet mit hoher Geschwindigkeit voran. Seit dem Jahr 1864 hat sich die Zahl der produzierten Schnellpressen versiebenfacht, die Zahl der sonstigen Produktionsmengen verdoppelt.

1897 In Zusammenarbeit mit der mittlerweile als "Aktiengesellschaft Maschinenfabrik Augsburg" firmierenden Gesellschaft bringt **Rudolf Diesel** den ersten Selbstzünder zum Laufen. Das Unternehmen förderte in den folgenden Jahren die Einführung des Motors in die Praxis ganz entscheidend und brachte den Dieselmotor zur Marktreife.

Bau von Schiffsdieselmotoren in Augsburg

Nürnberg:

1841 Johann Friedrich Klett gründet die Firma "**Klett & Comp.**". Mit anfangs 12 Arbeitern werden verschiedenste Gussteile, später Dampfmaschinen, Eisenbahnwagen sowie sonstige Zubehörteile für die Bahn gefertigt.

1847 In diesem Jahr stirbt Johann Friedrich Klett. Die Firma wird von seinem Schwiegersohn Theodor Cramer-Klett weitergeführt.
Bereits wenige Jahre nach ihrer Gründung hat sich die Klett'sche Maschinenfabrik in den Bereichen Eisengießerei, Kesselschmiede und Dampfmaschinenbau einen beachtlichen internationalen Kundenkreis geschaffen.

1850 Im Bereich Eisenbahnwagen geht es ebenfalls mit beachtlicher Geschwindigkeit vorwärts: Die "kgl. Bayerischen Staatsbahnen" bestellen 150 Güterwagen, im Folgejahr werden 200 Wagen bestellt. Bereits drei Jahre später bestellt die "Österreichische Staatsbahngesellschaft" 850 Güterwagen.

Montage eines Schnelltriebwagens in Nürnberg

Nürnberger Großgasmachine für ein Hüttenkraftwerk

1873 Die Gesellschaft wird in eine Aktiengesellschaft umgewandelt. Die neue Firmierung lautet **„Maschinenbau-Actiengesellschaft Nürnberg"**.

Zusammenschluss:

1898 Die Maschinenbau-Actiengesellschaft Nürnberg und die Aktiengesellschaft Maschinenfabrik Augsburg fusionieren zur **„Vereinigten Maschinenfabrik Augsburg und Maschinenbaugesellschaft Nürnberg A.G."**.

1908 Durch Umfirmierung zur **„Maschinenfabrik Augsburg Nürnberg AG"** wird der Firmenname **MAN** geboren.

Lastwagenfertigung:

1915 Im Hause MAN wird der Entwicklung von selbstfahrenden Straßenfahrzeugen bereits seit vielen Jahren hohe Bedeutung beigemessen. Versuchsweise werden Benzinmotorwagen von 2 – 4 PS, Dreiradmaschinen und Eisenbahnfahrzeuge gebaut. Das Erfordernis und das Interesse am Lkw-Bau wurde erst durch den Ersten Weltkrieg konkret: Gestützt durch den staatlich geförderten Lkw-Bau gründen die MAN und die Schweizer Firma Saurer eine gemeinsame Gesellschaft. Die **„MAN Saurer Lastwagen GmbH"** knüpft an die Erfahrung von Saurer mit solchen Fahrzeugen an und nimmt die Lkw-Produktion auf. Es werden Kleinlastwagen im Bereich von 2 – 5 Tonnen angeboten.

1918 Bereits in diesem Jahr muss Saurer aus der Gesellschaft ausscheiden, da die Heeresleitung keine bedeutenden ausländischen Industriebeteiligungen duldet. Die Zusammenarbeit wird auf Basis eines Lizenzvertrages weitergeführt. Damit sollen Probleme, die die unterschiedlichen Länderzugehörigkeiten von MAN und Saurer in Kriegszeiten mit sich bringen, vermieden werden. In einem Rundschreiben des 18. November wird die Firmenänderung in **„MAN-Lastwagenwerke"** mitgeteilt.

1919 Der erste MAN-Müllwagen mit motorhydraulischem Hinterkipper wird gebaut.

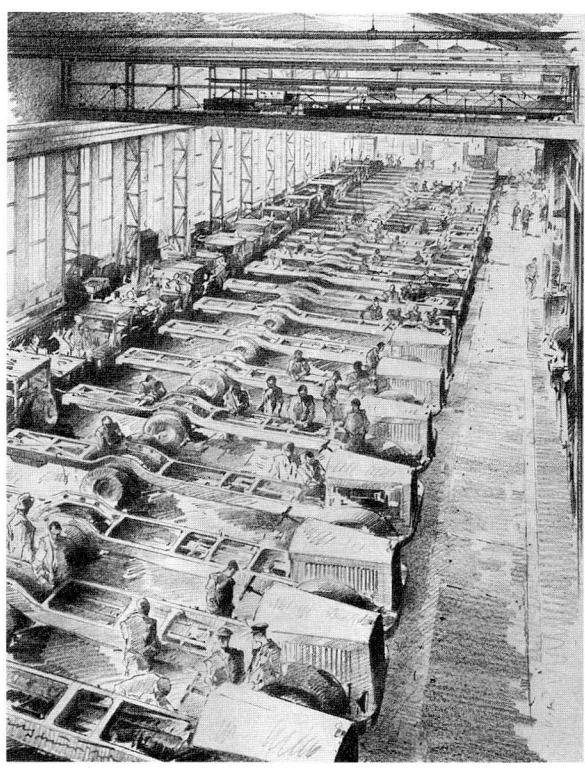

Diesellastkraftwagen in damaliger Reihenfertigung

1924 Im Verlauf der 20er Jahre gehen MAN und Saurer zunehmend getrennte Wege. Während MAN auf der Automobil-Ausstellung in Berlin den ersten Diesel-Lastwagen mit Direkteinspritzung vorstellt, schließt Saurer mit Bosch einen Lizenzvertrag über den Lastwagen-Dieselmotor ab.

1925 Der **MAN KVB** wird präsentiert. Mit rund 1200 produzierten Lkw, die mit Benzin oder Dieselmotor ausgestattet erhältlich sind, stellt dieses Modell einen Meilenstein im Lkw-Bau der 20er Jahre dar. Größtenteils gelöst vom Rückgriff auf Saurer-Know-how ist dies die erste selbstständige MAN-Konstruktion.

1931 Der bestehende Technologietransfer zwischen MAN und Saurer wird durch Aufhebung der Lizenzverträge endgültig beendet. Zuletzt hatte Saurer auf MAN-Motorenlizenzen zugegriffen, während MAN von Saurer-Lizenzen im Lastwagenbau profitierte.

1932 Trotz vorausgehender magerer Jahre, bedingt durch die Weltwirtschaftskrise, kann MAN mit Neuerungen aufwarten: Der Dreiachser **MAN S 1 H 6** gewinnt durch eine werbewirksame Deutschlandfahrt Beachtung. Er ist mit 16,6 Liter Hubraum und einer Leistung von 150 PS der **stärkste Diesel-Lastwagen der Welt**.

1934 MAN erzielt beim „Internationalen Auto-Dieselmotoren-Wettbewerb" in Russland den ersten Preis für Lastwagenmotoren.

MAN-Sprengwagen im Einsatz im Jahr 1928

1937 Auf der Automobil-Ausstellung in Berlin präsentiert MAN ein komplettes Programm in neuem Design. Hauptmerkmal gegenüber den Vorgängern ist der leicht nach hinten geneigte Kühlergrill. Man kann bereits eine beachtliche Produktpalette vorweisen:

    Modell **E 2**, 65 PS mit 2,75 t Nutzlast,
    Modell **Z 2**, 80 PS mit 3,33 t Nutzlast.
    Modell **D 1**, 90 PS mit 4,00 t Nutzlast,
    Modell **M 1**, 120 PS mit 5,00 t Nutzlast,
    Modell **F 4**, 150 PS mit 6,50 t Nutzlast.

1939 Über die Kriegsjahre wird die Lkw-Produktion vom Staat beeinflusst: Nach einheitlichen Baugrundsätzen entwickelte Fahrgestelle, Beschränkung auf nur noch wenige Gewichtsklassen, Zusammenlegung der Konstruktion mit anderen Lkw-Herstellern. Trotz des schwierigen Umfeldes wird bereits jetzt das Fundament für spätere Erfolge geschaffen: Die Vorläufer des späteren MK, unter der Bezeichnung SML für die Straßenversion, und SMLG für die Allradversion, werden vorgestellt. Über die Kriegsjahre werden die Bezeichnungen in ML 4500 S und 4500 A geändert, ab 1945/46 werden diese Entwicklungen als **MK** bezeichnet.

1945 Das Nürnberger Werk ist durch Bombenangriffe zu etwa 80 Prozent zerstört, von der US-Armee beschlagnahmt, trotzdem können bereits gegen Ende dieses Jahres die ersten Lastwagen montiert werden.

1949 Im Umfeld einer zerbombten Infrastruktur, Rohstoffknappheit, Diktat der Besatzungsmächte und ehrgeizigen Wiederaufbaumaßnahmen kann MAN an der Hannover-Messe teilnehmen. Die im Vorjahr erfolgte Währungsreform schafft die Grundlage für ein geregeltes Wirtschaftsleben, erst jetzt kann das Augenmerk auf die Entwicklung neuer Produkte gerichtet werden. Die Serienfertigung kommt wieder in Gang, neue Modelle – vorerst noch modifizierte Vorkriegsmodelle – werden gefertigt.

1950 Der **MAN MK** wird vom **5-Tonner MK 25** und dem **6,5-Tonner MK 26** ersetzt.

1951 Auf der IAA in Frankfurt stellt MAN den ersten deutschen Lkw-Motor mit Abgasturbolader vor. Dabei wird die Motorleistung eines **MK 26** von 130 PS auf 170 PS angehoben, gleichzeitig werden neue Verbrauchsmaßstäbe gesetzt.

1953 MAN kann sich durch die drei Nachkriegs-Basistypen **MK 25**, **MK 26** und **F 8** eine feste Marktstellung aufbauen. Der MAN **F 8** – einer der leistungsstärksten Lkw seiner Zeit – ist mit einem achtzylindrigen 180-PS-V-Motor ausgestattet. Hauptmerkmal dieses Modells sind die im Kotflügel integrierten Frontscheinwerfer.
In diesem Jahr werden Veränderungen – wie breiteres Fahrerhaus und hintere Eckfenster – vorgenommen. Ebenso wie die kleineren Lkw-Typen erfreut sich dieses Modell höchster Beliebtheit und wird – zuletzt nur noch für Exportzwecke – bis 1963 gefertigt.

1954 Die Produktion sämtlicher Lkw-Motoren wird auf das **M-Verfahren** umgestellt.

1955 Auf der IAA stellt MAN erstmals ein Fahrzeug der **Rundhaubergeneration** vor. Diese Lkw-Generation wird einen entscheidenden Einfluss auf das Straßenbild der folgenden 30 Jahre haben. Gleichzeitig wird die Entwicklung im Frontlenkerbereich vorangetrieben.

1960 Die bereits parallel gefertigte Rundhaubergeneration gewinnt zunehmend an Bedeutung, so dass die **Eckhauber** in den folgenden drei Jahren nur noch für Sonderzwecke gebaut werden.

LASTWAGENWERKE
M·A·N·SAURER
NÜRNBERG

RHK

Kardan- und Kettenwagen der MAN-Saurer-Lastwagen GmbH ab 1915

In diesem Jahr des Zusammenschlusses der Traditionsmarken MAN und Saurer wird bereits der erste Lastwagen mit vier Tonnen Nutzlast, Benzinmotor, Vollgummibereifung und Kettenantrieb geliefert. Dabei kann insbesondere auf die in den Zusammenschluß eingebrachte Kenntnis und Erfahrung von Saurer im Lkw-Bau zurückgegriffen werden.

Dem Viertonner folgen die Basis-Fahrgestelle mit 2,5 und 3,5 Tonnen, die in modifizierter Form bis Ende der zwanziger bzw. Anfang der dreißiger Jahre gebaut werden.

Damit stellt sich die Modellpalette anfangs der zwanziger Jahre, die ab 1918 nur noch unter dem Namen MAN vermarktet wird, wie folgt dar: Die als „leichte" bezeichneten Fahrgestelle, der 2,5- und 3,5-Tonner, werden mit Kardanantrieb geliefert, während die als „schwere" bezeichneten Fahrgestelle, die 4- bis 5-Tonner, ausschließlich mit Kettenantrieb geliefert werden. Entsprechend dieser Fahrwerksklassifizierung, die von der Heeresleitung mit beeinflusst wird, stehen drei Motorvarianten zur Verfügung: Die Vierzylinder-Viertakt-Benzinmotoren leisten

30, 36 und 45 PS, die Hubräume bewegen sich zwischen 5 und 8 Liter. Zwar wird von MAN vorgeschlagen, mit steigender Nutzlast einen größeren Motor zu verwenden, jedoch kann entsprechend dem Kundenwunsch zu jedem Fahrgestell ein beliebiger Motor gewählt werden.

Sämtliche Kardan- und Kettenwagen werden in verschiedensten Aufbauten, wie etwa ein Müllwagen mit hydraulischem Kipper, geliefert. Außerdem gibt es verschiedene Spezialfahrzeuge für Busverkehr, Langholztransporte oder Feuerwehraufbauten, daneben auch Sonderfahrzeuge für Großkunden wie Post oder Heeresleitung.

Aus dem 5-Tonner-Kettenwagen entsteht 1925 ein neuer Lastwagen, der erstmals eine eindeutige Typenbezeichnung erhält: 5/KVB.

Jetzt gibt es auch den 5-Tonner nur noch mit Kardanantrieb, erstmals wird ein Direkteinspritzer-Dieselmotor angeboten, daneben steht der Ottomotor mit gesteigerter Leistung zur Verfügung.

Untenstehende Tabelle gibt einen Überblick über die MAN-Saurer- und MAN-Produktpalette im Zeitraum von etwa 1915 – 1924:

Lkw-Fahrgestell					Lkw-Motor		
Bezeichnung	bekannte Ausführungsarten	Antrieb	Bereifung	Gewichtsklasse	Motorart	Brennstoff	Leistung
2,5-Tonner	Lastkraftwagen Kraftomnibusse Langholzzüge Feuerwehrfahrzeuge Sonderfahrzeuge	Kardan	Elastik ab 1922 Luftbereifung	2,5 Tonnen Nutzlast	Vierzylinder Otto	Benzin Benzol Spiritus	30 PS
3,5-Tonner		Kardan	ab 1922 Luftbereifung	3,5 Tonnen Nutzlast	Vierzylinder Otto		36 PS
4–5-Tonner		Kette ab 1925 Kardan	Elastik ab 1925 Luftbereifung	4–5 Tonnen Nutzlast	Vierzylinder Otto		45 PS

Häufigste und von MAN-Saurer empfohlene Fahrwerks-Motorenkombination; zu jedem Fahrwerk kann jeder Motor eingebaut werden.

VIII. 19.

N. 5168.

1919

DIE
M.A.N.-
LASTWAGENWERKE

(Tochtergesellschaft
der Maschinenfabrik Augsburg=Nürnberg)
bauen als

SPEZIALITÄT:

M.A.N.-SAURER-LASTKRAFTWAGEN
M.A.N.-SAURER-LASTKRAFTZÜGE
M.A.N.-SAURER-KIPPWAGEN
M.A.N.-SAURER-KRAFTOMNIBUSSE
M.A.N.-SAURER-FEUERWEHRWAGEN
M.A.N.-SAURER-TANKWAGEN

Die
Wagen sind ausgerüstet mit
Saurer=Geschwindigkeitsbegrenzer
Saurer=Umlaufschmierung
Saurer=Achskugellagern
Saurer=Motorbremse

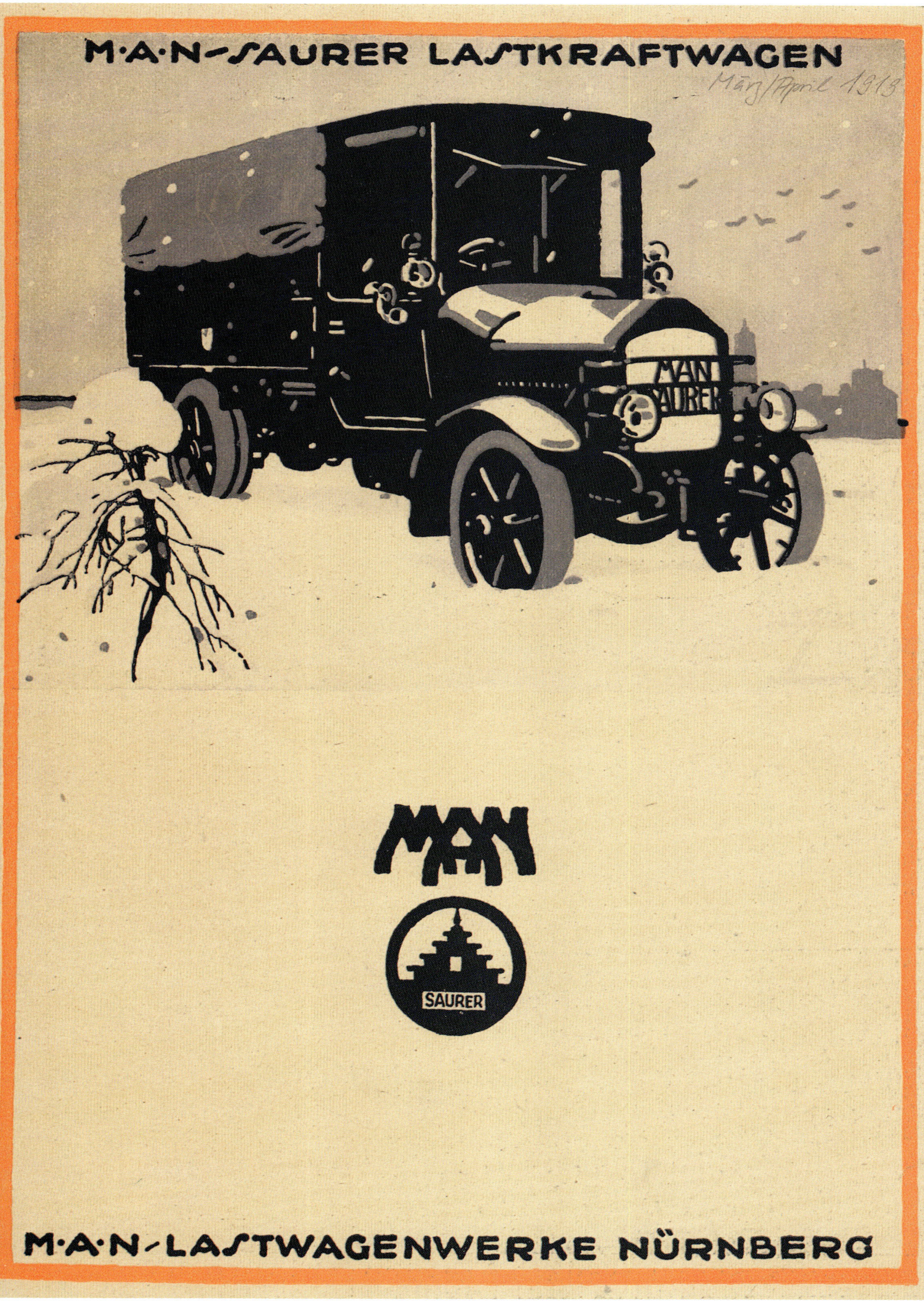

M·A·N·SAURER LASTKRAFTWAGEN

März/April 1913

M·A·N·LASTWAGENWERKE NÜRNBERG

MOTOR

Abb. 1
Vergaserseite

Abb. 2
Auspuffseite

Unsere Motoren sind einfachwirkende, im Viertakt arbeitende Vierzylinder-Motoren, welche mit Spiritus Benzin, Benzol, Spiritus oder Mischungen der beiden erstgenannten Brennstoffe mit Spiritus oder Petroleum arbeiten. Sie werden gebaut in 3 Größen, welche bei der normalen Umdrehungs- zahl von 1000 in der Minute 30, 36 und 45 Pferdestärken leisten. Die 3 verschiedenen Motor-

größen sind nach denselben Grundsätzen gebaut und unterscheiden sich lediglich in kleinen Einzel- heiten und in ihren Abmessungen.

Das aus Aluminium gegossene Kurbelgehäuse schließt den Kurbelraum vollständig öl- und staubdicht ab, so daß kein Oel aus ihm heraustreten und kein Staub in ihn eindringen kann. Das Innere ist durch Oeffnungen zugänglich, die durch leicht abnehmbare Deckel verschließbar sind. Die Kurbelwelle läuft in 3 im Kurbelgehäuse gelagerten Kugellagern, wodurch einer- seits die Reibungsverluste sehr herabgemindert werden, andererseits eine hohe Betriebssicherheit erzielt wird, da Kugellager nur wenig Schmierung und Wartung bedürfen und das bei Gleit- lagern häufige Ausschmelzen der Lagerschalen nicht vorkommen kann. Auch die im Kurbel- gehäuse untergebrachten Antriebswellen für die Ventile, die Wasserpumpe und der Magnetapparat laufen auf Kugellagern. Ihr Antrieb erfolgt von der Kurbelwelle aus durch Zahnräder, welche durch Abheben des vorderen Gehäusedeckels zugänglich sind.

Das Kurbelgehäuse und damit der ganze Motor ist an dem Fahrgestell an drei Punkten beweglich aufgehängt. (Vergleiche Seite 11 Absatz 2.)

Die 4 Zylinder des Motors sind aus Spezialgußeisen hergestellt, paarweise zusammen- gegossen und auf das Kurbelgehäuse aufgeschraubt. Sie sind mit reichlichen Kühlräumen für den Um- lauf des Kühlwassers versehen. Die Zylinder arbeiten mit paarweiser Kurbelversetzung um 180°, wodurch der Gang des Motors nahezu vollständig erschütterungsfrei wird.

Die aus Chromnickelstahl hergestellten Ventile sind zu beiden Seiten des Motors symmetrisch angeordnet, und zwar, in der Fahrtrichtung gesehen, rechts die Einlaßventile (Vergaserseite Abb. 1) und links die Auslaßventile (Auspuffseite Abb. 2).

Bei Verwendung der Motorbremse gibt es: Keine Abnutzung, kein Erwärmen, kein Er- Nachziehen der Bremsen und kein über- setzen von Bremsbacken, da solche über- haupt nicht in Tätigkeit treten, also Ver- ringerung der Reparaturkosten;
keine Unfälle durch Versagen des Brem- se oder Reißen des Bremsgestänges, da die Motorbremse gänzlich unab- hängig von diesen Organen arbeitet, also größere Betriebssicherheit;
keine übermäßige Beanspruchung des Getriebes und kein Blockieren der Hinterräder, da die Wirkungsweise der Motorbremse nicht hart, sondern elastisch ist; also Schonung des Getriebes und ganz besonders der Gummi- bereifung (unsere Wagen haben schon vielfach über 40000 km auf ein und derselben Gummibereifung zurückgelegt); kein Ver- ölen und kein Verschmutzen der Zylinder;

Abb. 4. Steuerrad mit Hebel für Gas- und Motorbremse.

Zur Kühlung des erforderlichen Kühl durch den Ventilator unterstützt wird. De gestellt werden. Für den erforderlichen Wass Auspuffseite des Motors durch eine besonde

Die N

Eine der wichtigsten und interessan bei welcher die zur Bremsung oder Komprimieren von atmosphärisch

Die Motorbremse wird in Tätig Kraftwagens (Abb. 4), wodurch der Auslaßventile betätigenden Steuerwell hemmende Bremswirkung erzeugend Bremskraft mittels desselben Hebe

Die Motorbremse ist nicht natürlichen Bremseinrichtung, verm der Zündung, durch die inneren zielt wird. Letztere beträgt höch weil die verdichtete Luft sich i d. h. den Motor und damit d die Luft im Augenblick der h Zweck verstellen Auslaßventil

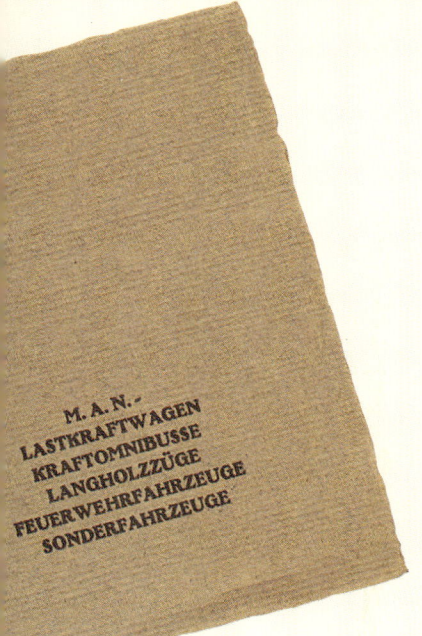

Abb. 3

Die Ventilstößel können im Bedarfsfalle leicht nachgestellt werden. Sie sind durch die aus den Abbildungen ersichtlichen Deckel nach außen abgeschlossen, wodurch ein geräuschloser Gang und eine vollständige Staubfreiheit erzielt wird.

Zur Zündung ist ein Hochspannungsmagnet vorgesehen, dessen Zündzeitpunkt vom Führersitz aus durch einen am Handrad angebrachten Hebel verstellbar ist. (Abb. 4. Der innere, kleinere Hebel dient zur Verstellung der Zündung.) Die Zündkerzen sind in den über den Einlaßventilen liegenden Verschraubungen angebracht.

Ein am Ende der Einlaß-Steuerwelle angebrachter Federregler verhindert durch Schließen des Reglerschiebers im Vergaser ein Ueberschreiten der höchstzulässigen Umdrehungszahl des Motors.

Bei kürzeren Fahrtunterbrechungen stellt der Fahrer den Motor seines Wagens meistens nicht ab, sondern läßt ihn leer weiterlaufen. Um den sich dabei ergebenden Benzinverbrauch möglichst klein zu halten, ist es erwünscht, daß die Umdrehungszahl des Motors während dieser Zeit heruntergesetzt wird, da in ungefähr demselben Verhältnis der Brennstoffverbrauch sich vermindert. Auch beim Fahren in der Ebene mit der höchsten Geschwindigkeit kann an Brennstoff

gespart werden, wenn diese Höchstgeschwindigkeit des Wagens nicht bei der normalen Umdrehungszahl des Motors, sondern bei einer geringeren erzielt wird.

Beide Vorteile können zweckmäßig nur erreicht werden durch einen selbsttätigen Mechanismus, der auch nur dann wirksam ist, wenn er gleichzeitig den Fahrer verhindert, die Fahrgeschwindigkeit willkürlich über das zulässige Maß zu erhöhen.

Ein solcher Mechanismus ist der Geschwindigkeitsbegrenzer (D. R. P.). Er wird selbsttätig eingeschaltet beim Einstellen des Geschwindigkeits-Schalthebels auf Leerlauf und auf die größte Geschwindigkeit. Er verringert dabei die Umdrehungszahl, sorgt infolgedessen für sparsamen Brennstoffverbrauch und verhindert ein Ueberschreiten des Betriebes wünschenswerte Maß hinaus.

Das zur Schmierung des Motors erforderliche Oel wird durch eine von der Steuerwelle angetriebene Kolbenpumpe in Umlauf gesetzt, welche das Oel durch getrennte, in den Kurbelkasten eingegossene Rohre den Schmierrinnen zuführt und sie bis zu einer bestimmten Höhe anfüllt. In die so gefüllten Schmierrinnen tauchen die Köpfe der Pleuelstangen ein, schöpfen Oel und schmieren dadurch die Kurbelzapfen. Das hierbei im Kurbelraum herumgeschleuderte Oel genügt zur Schmierung der Kugellager von Kurbel- und Steuerwellen, der Kolbenzapfen und der Zylinder.

Eine besondere Hilfskolbenpumpe hat den Zweck, so viel Frischöl zuzusetzen als verbraucht wird. In die Kolbenpumpe selbst gelangt also nur gereinigtes laufende Oel wird beim Aufwärtsgang des Kolbens durch ein an der tiefsten Stelle des Oelsammelbehälters angebrachtes Drahtsieb angesaugt. In die Kolbenpumpe selbst gelangt also nur gereinigtes Oel, so daß die Pumpe durch die Verunreinigungen des gebrauchten Oeles nicht angegriffen wird. Beim Abwärtsgang legt der Kolben der Schmierpumpe nach und nach die Oeffnungen der ver-

schiedenen Schmierkanäle frei und drückt in jeden derselben die erforderliche Menge von Oel. Die Pumpe arbeitet also ohne Ventile.

Durch Schaugläser kann der Oelstand im Oelbehälter jeweils beobachtet werden.

Unsere Umlaufschmierung zeichnet sich aus durch:

Sparsamen Oelverbrauch infolge Wiederverwendung des gebrauchten Oeles nach Reinigung desselben durch ein Drahtsieb;

stets gleichmäßige Zusammensetzung des Oeles durch gleichmäßigen Zusatz von Frischöl;

unbedingte Zuverlässigkeit, da keine Ventile und keine ungeschützt liegenden und leicht verletzbaren, sondern nur in den Wänden des Kurbelkastens eingegossene Kupferrohre verwendet werden. An unserem Motor sind überhaupt keine Schmierrohre sichtbar;

Verwendung von langsamlaufenden und über dem Reinigungssieb angeordneten, daher nur geringer Abnutzung unterworfenen Kolbenpumpen, wodurch dauernde Gleichmäßigkeit des Oeldruckes sowie der Oelmenge gewährleistet wird und Verstopfungen in den Oelkanälen nicht auftreten können;

Versorgung der einzelnen Schmierstellen durch getrennte Oelkanäle, also gleichmäßige, gleich große Zuverlässigkeit der Schmierung auf ebenem Gelände wie auch auf den stärksten Steigungen;

Bedienung aller Schmierstellen;

jederzeit leichte Kontrolle über den vorhandenen Oelvorrat durch ein Schauglas.

Abb. 7. Fahrgestell mit Kettenantrieb.

Lamellenkühler, dessen Wirkung ... des Ventilators kann leicht nach- ... eine Zentrifugalpumpe, die auf der ... eben wird (Abb. 2).

...se.

...en unseres Motors ist die Motorbremse, ... Wagens erforderliche Kraft durch ... Zylindern des Motors erzeugt wird. ... Verstellen des Gashebels am Lenkrad des ... perrt und dann durch Verdrehen der die ... ch treibend arbeitende Motor in einen die ... ch verwandelt wird. Dabei ist die Stärke der ... or verwendet wird. ... edarf einstellbar.

... der bei jedem Kraftwagen zu betätigenden ... mit der bei jedem Kraftwagen zu betätigenden ... Abdrosselung des Gases, meist unter Abstellung ... ende des Motors eine gewisse Bremswirkung er- ... bis ein Drittel der Wirkung der Motorbremse ... indern wieder ausdehnt und dabei Arbeit entweicht ... ebewegt. Bei der Motorbremse dagegen die zu diesem ... durch die Einlaßventile und durch die zu diesem ... Bremswirkung beeinträchtigende Arbeit auszuüben.

niedrigere Drücke und Temperaturen im Motor als bei normalem Betrieb, selbst bei voller Bremsleistung und lang andauernder Talfahrt.

Die Motorbremse kann mit Recht als die beste wassergekühlte Dauerbremse bezeichnet werden.

Fahrgestell.

Die leichteren Wagen erhalten Kardanantrieb. Die Kardanwagen zeichnen sich insbesondere dadurch aus, daß alle bewegten Teile eingekapselt sind, was zur Folge hat, daß sie nur geringer Wartung bedürfen und sich nur wenig abnutzen, sowie daß ihr Gang vollständig geräuschlos ist. Bei schwereren Wagen macht sich der Vorteil des Kettenantriebes geltend, sie werden deshalb mit diesem gebaut.

In jeden Wagen kann jeder der im ersten Abschnitt beschriebenen Motoren eingebaut werden. Bei den Kardanwagen empfehlen sich, je nach dem Gelände, die 30- und 36-PS.-Motoren. Der große 45-PS.-Motor ist bei diesen Wagen nur bei ganz schwierigem Gelände und besonders hohen Ansprüchen auf Geschwindigkeit in Steigungen in Betracht zu ziehen. Bei Betrieb mit Anhängern soll in der Regel der 45-PS.-Motor verwendet werden. Umgekehrt ist bei den Kettenwagen der 30-PS.-Motor eine Ausnahme.

So verschieden auch Kardan- und Kettenwagen in ihrem Antrieb sind, so sind beide Wagengattungen doch nach denselben Grundsätzen gebaut.

Rahmen. Die Rahmen der Fahrgestelle bestehen aus 2 Längsträgern, welche durch mehrere Querstücke miteinander verbunden sind. Die Längsträger haben in der Mitte besonders kräftigen Querschnitt, der sich gegen die Enden zu verjüngt. Die Längsträger der Kettenwagen sind mit einer patentierten seitlichen Kröpfung (s. Abb. 7) versehen. Diese Kröpfung er-

---

Wagenaufbauten. Führersitz. Für den Führersitz hat sich in neuerer Zeit nach dem Beispiel der Personenwagen die geschlossene Torpedoform eingeführt. Unsere entsprechende normale Ausführung des Führersitzes weist Platz für drei Personen, Holzdach und zweiteilige, im rechten Teil ausstellbare Windschutzscheibe auf. Die seitlichen Fensteröffnungen, die möglichst groß gehalten sind, können bei schlechtem Wetter durch herablaßbare, mit großen Zelluloidscheiben versehene Seitenvorhänge geschlossen werden, so daß sich die Insassen vor Wind und Wetter schützen können.

Im übrigen werden die Wagenaufbauten innerhalb der zulässigen Abmessungen und Gewichte ganz nach Bedarf und zwar als einfache Plattformbrücken, sowie als offene oder geschlossene Kasten, auf Wunsch auch mit Kippvorrichtung hergestellt. Für offene Wagen werden, wenn verlangt, passende Abdeckungen hinzugeliefert.

Die Aufbauten werden, soweit nicht anders vorgeschrieben, aus bestgeeignetem Werkholz angefertigt und mit kräftigem Eisenbeschlag versehen.

Beleuchtung und Hupe. Diejenige Beleuchtungsart, welche sich in ihrer Einfachheit am besten bewährt hat und welche bislang vorherrscht, ist die durch Acetylen mit Hilfe von 2 kräftigen Scheinwerfern. Als Notbeleuchtung sind 2 Petrollaternen vorgesehen.

Als Warnungsmittel dient eine kräftige tieftönende Hupe.

Reserveteile und Werkzeuge. Jedem Wagen wird eine Anzahl von Reserveteilen und Werkzeugen nach besonderer Liste mitgegeben.

---

2. die an den beiden Hinterrädern sitzenden, mittels Handhebels zur Wirkung kommenden Innenbackenbremsen (nähere Beschreibung Seite 8);
3. die Motorbremse, die durch den Gashebel am Lenkrade betätigt wird.

Während die beiden ersten Bremsen nur durch Reibung wirken, wird der erforderliche Bremswiderstand bei der Motorbremse durch Komprimieren von atmosphärischer Luft erzeugt. Die Wirkung der Motorbremse kann durch Verstellen des Gashebels in weitestem Maße eingestellt und es kann jedes beliebige Gefälle ausschließlich unter Verwendung der Motorbremse befahren werden.

Bergstütze. Jeder Wagen ist mit einer kräftigen Bergstütze versehen, die das Stillstehen und Anfahren auf Steigungen ermöglicht und unbeabsichtigtes Rückwärtsfahren verhindert.

Brennstoffbehälter. Der Brennstoffbehälter, dessen Inhalt für eine Tagesfahrt reichlich genügt, ist in der Regel in geschützter Lage hinter dem Führersitz oder unterm hinteren Rahmenende angeordnet. Der Brennstoff wird unter Druck in den Vergaser geleitet, in welchem ein Schwimmer den Brennstoffstand regelt.

Schutzblech. Das Fahrgestell ist, soweit die Motor- und Getriebeteile reichen, nach unten vollständig abgeschlossen, wodurch das Eindringen von Staub und Schmutz verhindert und die Reinigung des Wagens erleichtert wird.

Auspuff. Die Abgase werden durch die Auspuffleitung nach dem Auspufftopf geführt und gelangen durch diesen geräuschlos unter dem rückwärtigen Rahmenende ins Freie. Wenn erwünscht, kann eine besondere Auspuffklappe zur Erzielung freien Auspuffes angeordnet werden.

möglicht es, die Hinterachsfedern, welche hohe Belastungen vom Rahmen auf die Hinterachse zu übertragen haben, in die Mittelachsen der Längsträger zu verlegen. Von letzteren werden hierdurch die bei gewöhnlicher Federlagerung unvermeidlich großen Verdrehungsbeanspruchungen ferngehalten, deren Auftreten eine wesentlich kräftigere und daher auch schwerere Ausführung des Fahrgestelles bedingen würde.

Das vorderste Querstück bildet gleichzeitig das Auflager für den Kühler, welcher außerdem an den beiden Längsträgern aufgehängt ist.

Von besonderer Wichtigkeit ist die Aufhängung des Motors im Rahmen. Diese erfolgt in drei Punkten und zwar in der Mitte des vordersten Querstückes und an zwei Stellen des mittleren Querstückes. Da der Motor sich in diesen drei Punkten nach allen Richtungen einstellen kann, hat er unter den Verzerrungen und Verwindungen, denen der Rahmen infolge Unebenheiten der Straße ausgesetzt ist, nicht zu leiden.

Der Rahmen ist mit Hilfe von langen, aus mehreren Blättern bestehenden Federn gegen die Achsen abgestützt.

Kupplung. Die Kupplung erfolgt bei unseren Wagen ausschließlich durch Lederkonus. Die Kupplung, welche durch einen besonderen Fußhebel ausgerückt wird, ist in eingerücktem Zustande entlastet. Für leichte Auswechselung des Leders ist besonders gesorgt. Die Konstruktion der Kupplung gewährleistet sanftes Anfahren und größte Schonung des Getriebes.

Kraftübertragung. Bei den Kardanwagen.

Die Uebertragung der Leistung des Motors auf die Hinterräder erfolgt durch eine Welle. Diese ist mit der Getriebewelle durch ein Kardangelenk verbunden, welches staubfrei und doch

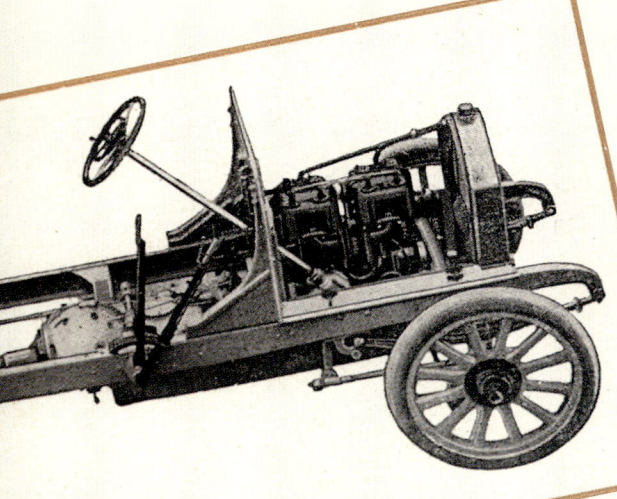

Abb. 6 Fahrgestell mit Kardanantrieb.

leicht zugänglich im rückwärtigen Teil des Getriebekastens untergebracht ist. Am hinteren Ende trägt die Kardanwelle ein Kegelrad, welches in das die Hinterradwellen unter Vermittelung der Differentialräder antreibende Tellerrad eingreift.

Hinterradwellen, Differentialräder und Kardanwelle sind in einem Gehäuse gelagert, welches gleichzeitig zur Uebertragung des Schubes der Hinterräder auf den Wagen dient.

Besonders beachtenswert ist es, daß beim Fahren im vierten Gang die Kraftübertragung von Welle zu Welle ohne Zwischenschaltung von Zahnrädern unmittelbar erfolgt, was einen günstigen Wirkungsgrad der Kraftübertragung und einen geräuschlosen Gang ergibt.

Abb. 5. Getriebekasten für Kettenwagen.

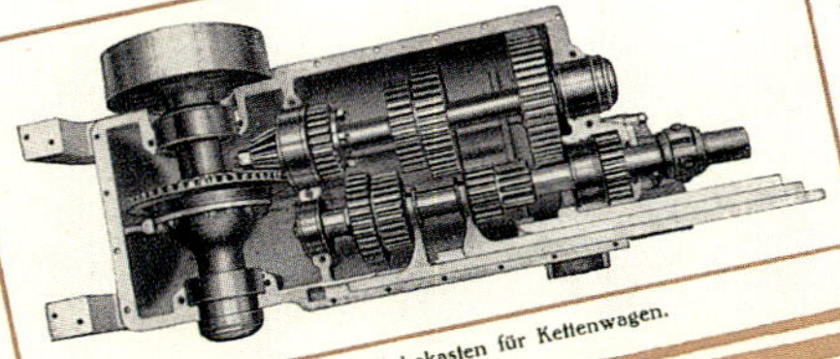

Bei den Kettenwagen.

An Stelle der Kardanwelle ist eine querliegende Kettenradwelle angeordnet, welche mit Ketten und Kettenrädern die Hinterräder antreibt. Die Differentialräder sind bei dieser Anordnung im Getriebekasten eingebaut. Der Schub der Hinterräder wird durch Stoßzangen, welche gleichzeitig als Kettenspanner dienen, von den Hinterrädern auf den Wagen übertragen.

Getriebekasten. Das Gehäuse des Getriebekastens besteht aus Aluminium. Es dient zur Aufnahme der für die Einstellung von vier Vorwärtsgeschwindigkeiten und einem Rückwärtsgang erforderlichen Wechselräder. Diese werden aus bestem, für solche Zwecke besonders geeignetem Chromnickelstahl hergestellt, auf besonderen Präzisionsmaschinen bearbeitet und nach eigenem Verfahren gehärtet und geschliffen, so daß sichere Gewähr für geringste Abnutzung und dauernd lautlosen Gang gegeben ist. Die aus Chromnickelstahl hergestellten Getriebewellen laufen in Kugellagern.

Das Schalten der einzelnen Geschwindigkeitsgänge erfolgt durch axiale Verschiebung der Wechselräder mit Hilfe des seitlich am Führersitz angebrachten Handhebels.

Räder. Vorder- und Hinterräder laufen auf je 2 reichlich bemessenen doppelten Kugellagern, die nur wenig Schmierung und Wartung benötigen und bei denen ein Heißlaufen oder Festfressen nicht vorkommen kann. Da der Reibungswiderstand dieser Kugellager weit geringer ist als derjenige der Gleitlager, sind die diesbezüglichen Kraftverluste bei unseren Wagen sehr geringe.

Die Vorderräder werden mit einfachen, die Hinterräder mit doppelten Vollgummireifen versehen.

Vorderachse und Lenkung. Die Lenkung erfolgt mittels Schnecke und Schneckenradsegment, welche die Drehung des Lenkrades auf die Lenkachsenschenkel der Vorderachse übertragen. Lenkhebel und Querverbindungsstange befinden sich in geschützter Lage hinter der Vorderachse.

Bremsen. Sämtliche Wagen besitzen drei voneinander unabhängige Bremsen, welche sowohl nach vorwärts, als auch nach rückwärts wirken:

1. die mittels Fußhebels zu betätigende, auf die Antriebwelle wirkende Getriebebremse;

M·A·N-LASTWAGENWERKE
NÜRNBERG
MAN
M·A·N-SAURER-WAGEN

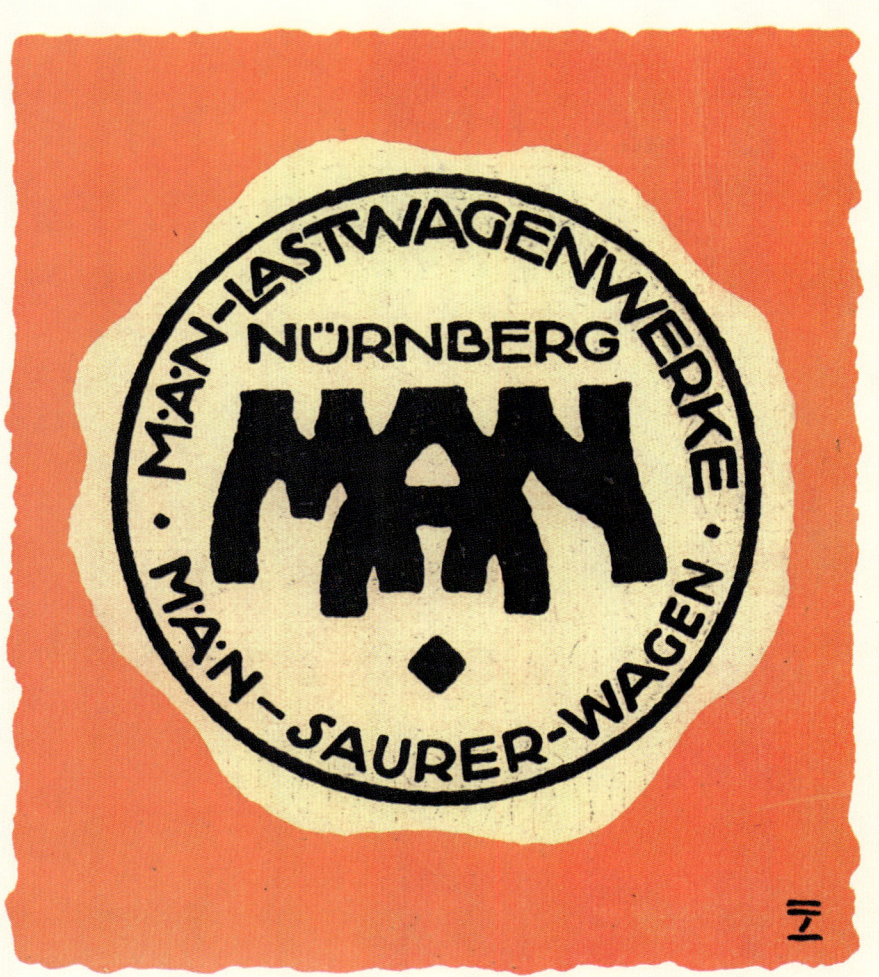

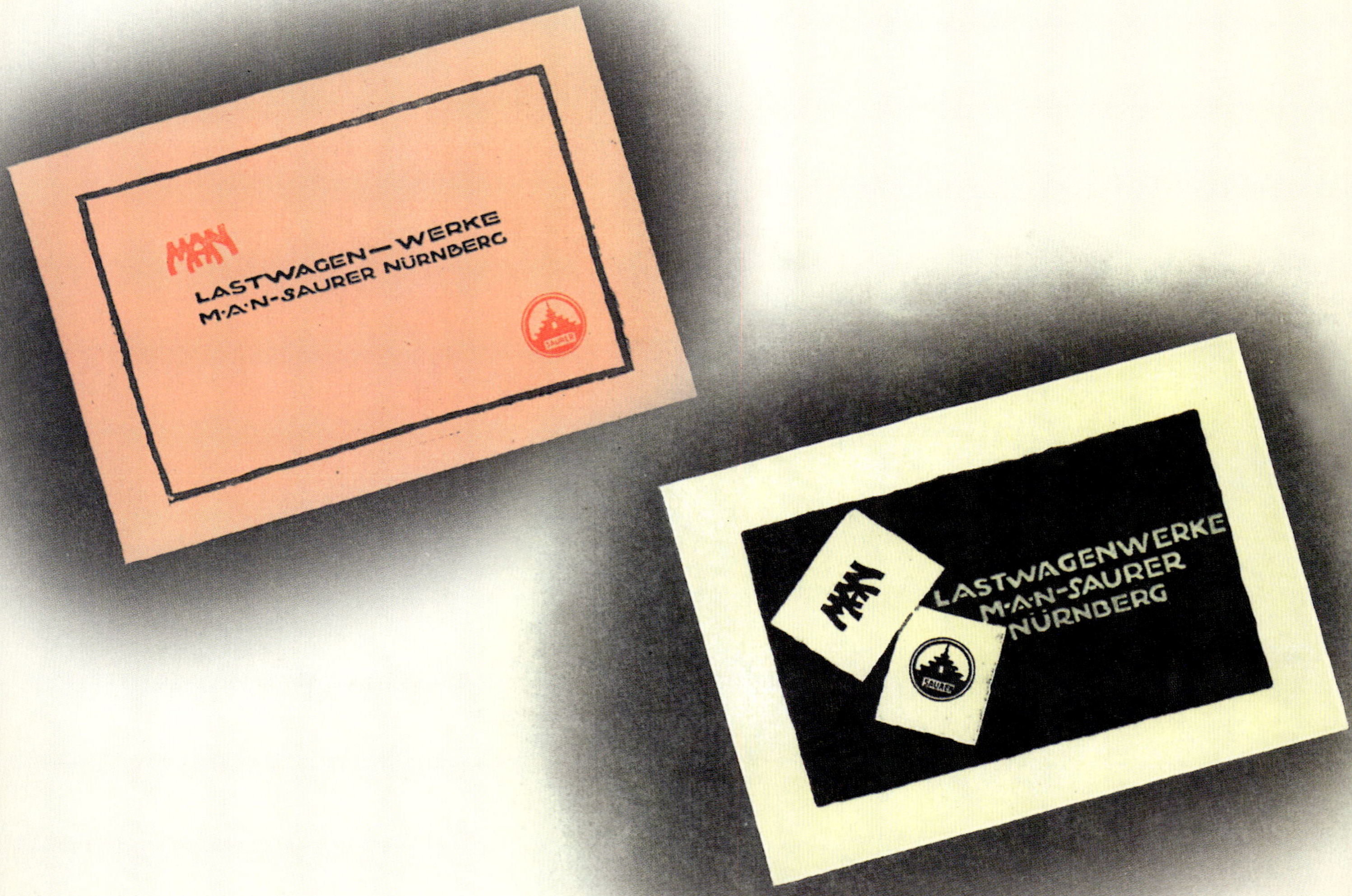
MAN
LASTWAGEN—WERKE
M·A·N-SAURER NÜRNBERG
MAN
LASTWAGENWERKE
M·A·N-SAURER
NÜRNBERG

MAN-Lastwagen von 1925 bis zum Zweiten Weltkrieg

In diesem Jahr wird der **5/KVB** vorgestellt. Dieses ausschließlich kardangetriebene Modell löst den 5-Tonner-Kettenwagen ab, erstmals wird ein Direkteinspritzer-Dieselmotor angeboten, wahlweise kann der Kunde dieses Modell mit Ottomotor erwerben. Der 5/KVB gilt als erstes Modell, das überwiegend nicht mehr an die Saurer-Technik anknüpft. Mit Erscheinen einer zusätzlichen Sechszylinder-Variante im Jahr 1926 wird bei der Typenbezeichnung die Zylinderzahl angefügt. Es entstehen damit der **5/KVB/4** und der **5/KVB/6**.

Im selben Jahr entsteht ein Dreiachser, er wird in den Ausprägungen „Hochrahmen" als **S 1 H 6** und als „Niederrahmen" als **S 1 N 6** angeboten. Beide Modelle sind sowohl mit Benzinmotor als auch Dieselmotor mit 12,2 und 16,6 Liter erhältlich.

Etwa 1930 entsteht der neue **F 1 H 6** im Nutzlastbereich von fünf Tonnen. Er kann damit als Nachfolgemodell des 5/KVB/6 verstanden werden, der in diesem Jahr noch produziert wird. Angetrieben wird dieses Zweiachsmodell wahlweise mit einem 100-PS-Benzinmotor oder einem 100/110-PS-Dieselmotor. Der F 1 H 6 wird auch als Sattelschlepper mit Auflieger angeboten, etwa ab 1933 wird dieser als **FT**, das Basismodell etwa ab 1935 als **F 2 H 6** bezeichnet. Zur optischen Unterscheidung kann die Frontansicht des Kühlergrills herangezogen werden: Während bei den KVB-Modellen der Schriftzug noch weiter oben im Rahmen des Kühlergrills eingearbeitet ist, wird der Schriftzug beim F 1 H 6 in die Mitte gesetzt. Diese Anordnung gilt für die Dreiachser S 1 H 6, S 1 N 6 ebenso wie für die nachfolgend beschriebenen kleineren Modelle. Der F 2 H 6 wird 1937 vom **M 1** abgelöst, dieser ist ebenfalls in der 5-Tonnen-Nutzlast-Klasse angesiedelt, er leistet 120 PS.

Die Produktpalette wird in dieser Zeit um Fahrzeuge in der unteren Gewichtsklasse ergänzt: 1931/1932 erscheint der **D 1**. Dieses Modell trägt vier Tonnen Nutzlast, es wird von einem 7,3-l-Dieselmotor mit 90 PS angetrieben. Im Gegensatz zu einer möglichen Folgerung aus den Angaben der Prospekte des D 1 und DT war es zusätzlich möglich, dieses Modell auch mit Benzinmotor zu ordern. Bei der Sattelschlepperausführung beträgt die Nutzlast bis zu 9,5 Tonnen, analog dem F 1 H 6 wird die Sattelschleppervariante als **DT** bezeichnet.

Im Folgejahr erscheint zusätzlich der Dreitonner **Z 1**, der, ausschließlich mit Dieselmotor ausgestattet, eine Leistung von 70 PS aufweist. Etwa ab 1937 folgt der **Z 2** mit schräg stehendem Kühler. Der Sattelschlepper heißt **ZT**, die Nutzlast wird mit 9,5 Tonnen angegeben.

Das leichteste Fahrzeug entsteht 1935 als **E 1**. Zur optischen Identifizierung bietet sich hier eine wichtige Neuerung: Erstmals wird vom Konzept des senkrecht stehenden Kühlergrills abgewichen, der Kühler ist jetzt etwas nach hinten geneigt. Ebenfalls im Gegensatz zum D 1 und Z 1 ist der E 1 nur mit einem Vierzylinder-Dieselmotor ausgestattet, der im Hubraumbereich von 4,2–4,5 Liter zwischen 60 und 65 PS leistet. Die Nutzlast beträgt 2,5 Tonnen, beim Nachfolger **E 2**, der etwa 2 Jahre später folgt, 2,75 Tonnen. Ab 1939 wird der E 2 als **E 3000** bezeichnet.

Im Jahr 1936 wird der MAN **F 4** mit 6,5 Tonnen Nutzlast vorgestellt. Er ist von seiner Motorleistung von 150 PS eher beim Dreiachser S 1 H 6 anzusiedeln. Es gibt jedoch keine Hinweise, dass der F 4 auch als Dreiachser gebaut wurde. Diese Entwicklung ist im Zusammenhang mit der Einflussnahme der Reichsregierung auf den Lkw-Bau zu sehen. Danach werden Zugmaschinen steuerlich diskriminiert, Anhänger begünstigt. In diesem Zusammenhang findet auch ein F-4-Zweiachs-Sattelzug Erwähnung, der einen Zweiachsauflieger mit Dreiachsanhänger zieht. Markant beim F 4 sind ebenfalls der schräg stehende Kühler sowie die eng daran angeordneten Scheinwerfer. Ohne erkennbare technische Unterschiede wird dieses Modell auch als **F 5** angeboten.

Im Jahr 1938 wird ein 4-Tonner mit der Bezeichnung **L 1** erwähnt. Dieser soll die Produktpalette zwischen dem Z 2 mit einer Nutzlast von 3,5 Tonnen und dem D 1 mit 4,5 Tonnen Nutzlast abrunden. Der 7,9-l-Sechszylindermotor leistet 90 PS.

Über die Kriegsjahre nimmt die Reichsregierung noch stärkeren Einfluss auf den Lkw-Bau: Dieser Einfluss äußert sich durch die Beschränkung auf nur noch wenige Gewichtsklassen, Zusammenlegung der Konstruktion mit anderen Lkw-Herstellern sowie der Herstellung von Holzgasfahrzeugen. Trotz des schwierigen Umfeldes werden bereits jetzt die Vorarbeiten zum späteren Nachkriegs-Erfolgsmodell **MK** geleistet. Als Vorläufer des MK gelten Entwicklungen unter der Bezeichnung **SML** für die Straßenversion, und **SMLG** für die Allradversion. Über die Kriegsjahre werden die Bezeichnungen auf **ML 4500 S** und **ML 4500 A** geändert. Außerdem werden für militärische Zwecke ein Allradmodell als **A-Typ** und ein Straßenmodell als **S-Typ** erwähnt. Trotz der starken Beeinträchtigung im Kriegsumfeld spielt der MAN ML 4500 eine bedeutende Rolle. Ab 1945/46 wird der ML 4500 als **MK** bezeichnet.

Übersicht der bedeutendsten Lkw-Modelle ab 1925

Bezeichnung	Besonderheiten	Nutzlast Tonnen	Motortypenbezeichnung	Motorart	Brennstoff	Leistung	Hubraum
5/KVB	mit Elastik- und Luftbereifung erhältlich	5		Vierzylinder Otto	Benzin	50, 58, 65 PS	
KVB/4				Vierzylinder Direkteinspritzer	Diesel		
KVB/6			1065 B	Sechszylinder Vergaser	Benzin	85 PS	
F 1 H 6 F 2 H 6	Zweiachser	5	D 2086	Sechszylinder Direkteinspritzer	Diesel	100/110 PS	12,2 l
			1065 B	Sechszylinder Vergaser	Benzin	100 PS	9,4 l
M 1	Zweiachser	5		Sechszylinder Direkteinspritzer	Diesel	120 PS	9,4 l
S 1 H 6 S 1 N 6	**Dreiachser**	8,1–8,5	D 4086	Sechszylinder Direkteinspritzer	Diesel	140/150 PS	16,6 l
			2086 A	Sechszylinder Vergaser	Benzin	150 PS	12,2 l
ZT	**Sattelschlepper**	bis 7,5	D 0530	Sechszylinder Direkteinspritzer	Diesel	70 PS	6,7 l
DT		bis 9,5	D 0540	Sechszylinder Direkteinspritzer	Diesel	80/90 PS	7,3 l
FT		bis 15	D 2086	Sechszylinder Direkteinspritzer	Diesel	100/110 PS	12,2 l
D 1		4–4,5	D 0540	Sechszylinder Direkteinspritzer	Diesel	90 PS	7,3 l
Z 1	Kühler senkrecht	3	D 0530	Sechszylinder Direkteinspritzer	Diesel	70 PS	6,7 l
Z 2	Kühler schräg gestellt	3–3,5	D 0530	Sechszylinder Direkteinspritzer	Diesel	80 PS	6,7 l
E 1	Kühler schräg gestellt	2 1/2	D 0524	Vierzylinder Direkteinspritzer	Diesel	60/65 PS	4,2 l
E 2 E 3000	Kühler schräg gestellt	2 3/4 ab 1938: 3	D 0534	Vierzylinder Direkteinspritzer	Diesel	65 PS	4,5 l
F 4 F 5		6,5	D 3555	Sechszylinder Direkteinspritzer	Diesel	150 PS	13,3 l
L 1		4		Sechszylinder Direkteinspritzer	Diesel	90 PS	7,9 l

Lkw-Entwicklungen im Zweiten Weltkrieg: SML, SMLG, S-Typ, A-Typ, ML 4500 S, ML 4500 A, MK

MAN
MASCHINENFABRIK AUGSBURG-NÜRNBERG·A·G·

LASTWAGEN

Kupplung: Zur Verwendung gelangt eine einfache, aber unbedingt betriebssichere Konus-Kupplung. Der Belag der Reibungsfläche besteht aus einem Metall-Asbestgewebe von großer Widerstandsfähigkeit und Dauerhaftigkeit. Er ist auf den äußeren, geteilten Kupplungshälften angebracht.

Getriebe: Wechselgetriebe mit 4 Vorwärtsgängen und 1 Rückwärtsgang. Zahnräder aus bestem Chromnickeleinsatzstahl gehärtet und geschliffen, geringste Abnützung, leichtes und zuverlässiges Schalten.

Kraftübertragung: durch Cardanwelle, Arbeitsübertragung durch Stoßrohr mittels Kugelkopf auf das mittlere Querstück des Rahmens. Hinterachsantrieb vollkommen im Oelbad laufend.

Lenkung: durch Lenkrad, Steuersäule, Schnecke und Schneckenradsegment, Gelenke kugelig und nachstellbar.

Räder: Vorder- und Hinterräder laufen in reichlich bemessenen Doppel-Kugellagern bezw. Rollenlagern.

Bremsen: Motorbremse nur bei Vergasermotoren. Kräftig wirkende Bremse für alle Gefälle einstellbar, durch Verdichtung von Luft in den Zylindern wirkend, ohne Bremsbacken, daher kein Abnützen, kein Erwärmen, kein Nachziehen und Ersetzen von Bremsbacken, kein Reißen des Bremsgestänges, allmähliche und leichte Wirkung, daher keine übermäßige Beanspruchung des Getriebes und der Reifen.

Kräftige Fußbremse entweder auf das Getriebe wirkend oder auf die vier Räder. Einbau einer Zusatzbremse auf Wunsch möglich.

Handbremse auf die Hinterräder wirkend. Bei den mechanischen Bremsen leichteste Zugänglichkeit, somit einfache Nachstellbarkeit und bequemes Auswechseln der Bremsbacken.

Beleuchtung und Anlasser: 130 Watt Bosch-Licht- und Anlassermaschine.

Bereifung: Hochelastische oder Riesenluft-Bereifung.

Vorderansicht.

M. A. N.-Fünftonner mit Plane und Spriegel.

M. A. N. 5 t-Langeisen-transportwagen.

M. A. N. 3½ t-Liefer-wagen.

M. A. N. 5 t-Tankwagen.

5 t Fäkalienabfuhrwagen, 5000 Liter Kesselinhalt, mit Kompressor.

Sprengwagen mit 5 t-Fahrgestell, Kesselinhalt 5000 Liter, mit motorisch angetriebener Wasserpumpe.

Motor: Hochelastischer Vergaser- oder Diesel-Motor von hervorragender Leistung und größter Wirtschaftlichkeit.

Bereifung: Hochelastik- oder Riesenluftbereifung.

Getriebe: Bewährtes vi... Wechselgetriebe mit b... starker und breiter Ver...

Kupplung: Einfache, sehr weich arbeitende Konuskupplung mit Bremse, daher leichtes, geräuschloses Schalten.

Fünftonne...

MAN
Fünftonner als Schwerlastwagen

Motoren und Fahrgestelle werden von geschulten Arbeitskräften in neuzeitlich eingerichteten Werkstätten reihenweise hergestellt und nach sorgfältigster Kontrolle in einer besonderen Einfahrabteilung auf Betriebssicherheit geprüft.

M·A·N

MASCHINENFABRIK AUGSBURG–NÜRNBERG·A·G·

LASTWAGEN

Allgemeines: Die M.A.N.-Nutzfahrzeuge, das Ergebnis langjähriger, reicher Erfahrungen, werden hinsichtlich Betriebssicherheit und Dauerhaftigkeit, einfacher Bedienung und Wartung den höchsten Ansprüchen gerecht. Wir bauen 3½ Tonner als Schnellastwagen und 5 Tonner als Schwerlastwagen.

Ausführungsformen: Der Aufbau der Fahrgestelle wird in verschiedenartiger Weise ausgeführt, sodaß allen Wünschen hinsichtlich Beförderung von Gütern aller Arten weitgehend entsprochen werden kann. Neben dem Wagen mit normaler Ladebrücke werden noch folgende Sonderfahrzeuge gebaut: Lastwagen mit geschlossenem Kastenoberbau für Lieferzwecke, Lastwagen für Langholz- und Langeisentransporte, 10 Tonner-Lastzüge mit Anhänger, Kippwagen für Hand- oder Motorbetätigung nach 2 oder 3 Seiten für den Transport von Schüttgütern, Straßensprengwagen, Müll- und Fäkalienabfuhrwagen für städtische Betriebe.

Fahrgestell: Besonders kräftig gehaltener Rahmen aus bestem Edelstahl, gemäß den auftretenden Belastungsverhältnissen in den weniger beanspruchten Querschnitten verjüngt.

Dreipunktaufhängung von Motor und Getriebe, daher keinerlei schädliche Einwirkungen der durch Straßenunebenheiten entstehenden Rahmenverwindungen.

Motor: Vergaser-Motor für Benzin, Benzol oder deren Mischungen. Zündung durch Hochspannungsmagnet mit verstellbarem Zündzeitpunkt. Pallas-Vergaser, geringer Brennstoff- und Oelverbrauch, geräuschloser ruhiger Lauf.

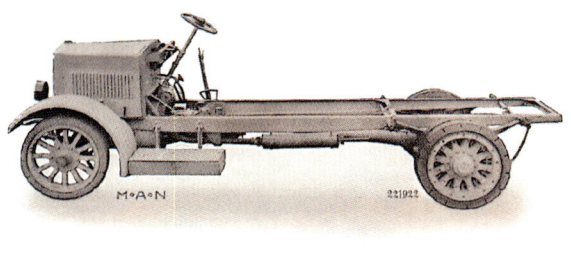

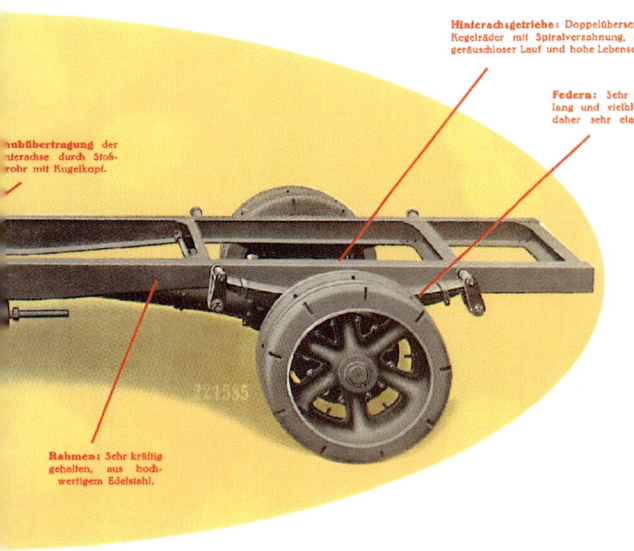

Hinterachsgetriebe: Doppelübersetzung, Kegelräder mit Spiralverzahnung, daher geräuschloser Lauf und hohe Lebensdauer.

Federn: Sehr breit, lang und vielblättrig, daher sehr elastisch.

Schubübertragung der Hinterachse durch Stoßrohr mit Kugelkopf.

Rahmen: Sehr kräftig gehalten, aus hochwertigem Edelstahl.

Fahrgestell

Rechts:
3½ t - Lastwagen in normaler Ausführung und Planenaufbauten.

Niederrahmen - Lieferwagen mit Spezialaufbau zum Transport von Südfrüchten.

M·A·N

3½-Tonner als Schnellastwagen

Die Aufbauten werden in eigenen Werkstätten hergestellt, die mit sämtlichen erforderlichen Holzbearbeitungsmaschinen der Neuzeit ausgerüstet sind, und mit allen Aufschriften in jeder gewünschten Ausführung versehen.

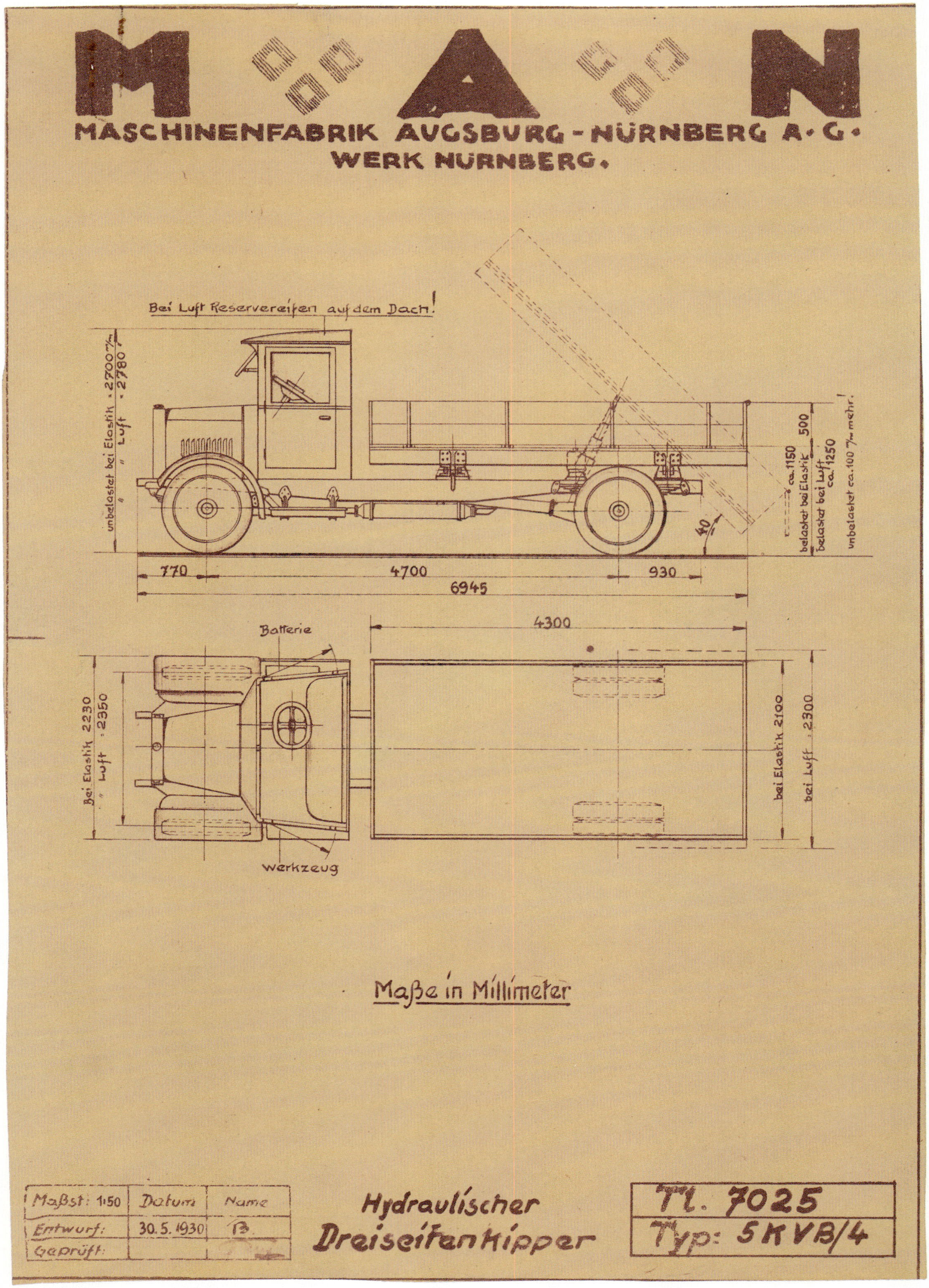

MASCHINENFABRIK AUGSBURG - NÜRNBERG A·G·
WERK NÜRNBERG.

Bei Luft Reservereifen auf dem Dach!

unbelastet bei Elastik = 2700 m/m
" Luft = 2780

belastet bei Elastik 1150
belastet bei Luft 1250
unbelastet ca. 100 m/m mehr!

500
40

770   4700   930
6945

4300

Batterie

Bei Elastik 2230
" Luft = 2350

bei Elastik 2100
bei Luft = 2300

Werkzeug

Maße in Millimeter

Maßst. 1:50	Datum	Name
Entwurf:	30.5.1930	B
Geprüft:		

Hydraulischer
Dreiseitenkipper

Tl. 7025
Typ: 5 KVB/4

Sammelkasten

HÖCHST
LEISTUNGEN

M·A·N
MASCHINENFABRIK AUGSBURG–NÜRNBERG·A·G·
FÜNF-TONNER
Typ KVB/6

Ein Schwerlastkraftwagen, kräftigster und widerstandsfähigster Bauart, in neuzeitlicher Ausführung mit hervorragenden fahrtechnischen Eigenschaften ist der

M. A. N.-Fünf-Tonner, Typ KVB/6
Bruttotragfähigkeit des Fahrgestelles 7000 kg.

Der starke Sechszylinder-Motor gestattet eine hohe Fahrgeschwindigkeit, gewährleistet
bestes Steigungsvermögen, bei großer Betriebssicherheit infolge der zuverlässigen Bremsen
und macht das Fahrzeug zu einem Transportmittel von höchster Wirtschaftlichkeit.

Rahmen.

Er ist aus hochwertigem Spezialstahlblech hergestellt und sehr reichlich bemessen. Die beiden seitlichen Längshauptträger sind nach unten fischbauchartig ausgeführt. Dies verteuert wohl die Herstellung, macht jedoch den Rahmen bedeutend
widerstandsfähiger. Die Querträger sind so angeordnet, wie es die Belastung bezw. die
Beanspruchung bedingt. Dem jeweiligen Verwendungszweck entsprechend, wird das Fahrgestell mit zwei verschiedenen Radständen (4700 und 5600 mm) gebaut. Ferner
wird die Länge des Rahmens von Fall zu Fall der Größe des Aufbaues angepaßt.

Sechszylinder-Motor.

Als Antriebsmaschine dient ein moderner Sechszylinder-Vergasermotor, der seine Aufgabe glänzend erfüllt und bei dessen Bau nicht allein die reichen Erfahrungen des Werkes,
sondern auch alle einschlägigen Errungenschaften des Automobilbaues verwertet sind.
Der Motor Typ 1065 B hat 110 mm Bohrung und 165 mm Hub. Er besitzt bei
etwa 1400 Umdrehungen/min. eine Dauerleistung von reichlich 85 PS, arbeitet sehr
wirtschaftlich und ist den jeweiligen Betriebsanforderungen gegenüber äußerst elastisch.
Seine genau ausgeglichenen Massen und die reichlich bemessene Lagerung aller bewegten Teile (siebenfach gelagerte Kurbelwelle) gewährleisten ein erschütterungs-

Spreng- und Tankwagen.

freies Arbeiten. Der hierdurch erzielte ruhige Lauf wird noch weiter gefördert durch einen einfachen Schwingungsdämpfer, wodurch die Maschine und das gesamte Triebwerk sehr geschont werden.

Weitere technische Einzelheiten über den Motor sind in einer Sonderdrucksache enthalten.

Kupplung.

Zur Verwendung gelangt eine einfache, aber unbedingt betriebssichere Konus-Kupplung. Der Belag der Reibungsfläche besteht aus einem Metall-Asbestgewebe von großer Widerstandsfähigkeit und Dauerhaftigkeit. Er ist auf den äußeren, geteilten Kupplungshälften leicht auswechselbar angebracht. Um ein leichtes und geräuschloses Schalten zu ermöglichen, ist eine sehr sanft wirkende und bequem einstellbare Kupplungsbremse vorgesehen.

Wechselgetriebe.

Unmittelbar hinter der Kupplung befindet sich das Wechselgetriebe, das mit dem Motor fest verbunden ist. Dieser Motorgetriebeblock ist im Rahmen an nur drei Punkten federnd aufgehängt und so gegen jede Schädigung durch Rahmenverwindungen gesichert. Das Getriebe selbst ist ein Einheitsgetriebe der Zahnradfabrik Friedrichshafen mit Knüppel-Mittenschaltung, vier Vorwärtsgängen und einem Rückwärtsgang. Für die Güte des Wechselgetriebes bürgt der hohe Ruf der Herstellerin.

Für Kipper, Sprengwagen und andere Sonder-Fahrzeuge mit vom Motor angetriebenen Hilfseinrichtungen wird das Getriebe mit einem kräftigen Nebenantrieb ausgerüstet. Dieser gestattet die Uebertragung auch beträchtlicher Kräfte im Dauerbetrieb. Ferner wird bei luftbereiften Fahrzeugen eine Luftpumpe im Getriebe fest eingebaut.

Gelenkwelle.

Die Kraftübertragung vom Wechselgetriebe auf die Hinterachse erfolgt durch eine zweiteilige Gelenkwelle. Unmittelbar hinter dem Getriebe befindet sich ein

Trockengelenk, das keinerlei Wartung bedarf und infolge seiner großen Nachgiebigkeit alle Rahmenverwindungen aufnimmt. Von da führt die Zwischenwelle zu dem eigentlichen Cardan-Kreuzgelenk, das in der Schubkugeltraverse fest gelagert ist. Dieses vollständig im Oelbad laufende Gelenk wird durch die Cardanwelle, die aus einem kräftigen, gut ausgewuchteten Stahlrohr besteht, mit dem Hinterachsgetriebe verbunden. Die Cardanwelle ist von dem Stoßrohr umschlossen, das die Schub- und Zugkräfte der Hinterachse auf den Rahmen überträgt. Dieses Stoßrohr, das fest mit dem Hinterachsgehäuse verbunden ist, verjüngt sich nach vorne und endet in dem sogenannten Kugelkopf, der in der bereits erwähnten Traverse gelagert ist. Die Ausführung ist derart, daß die Mitte des Kugelkopfes mit der des Kreuzgelenks zusammenfällt, sodaß sich die Hinterachse in allen Richtungen frei pendelnd bewegen kann, ohne daß ein Klemmen oder Verdrehen eines Teiles eintritt.

Hinterachse.

Sie besteht im wesentlichen aus dem dreiteiligen Hinterachsgehäuse, welches Kegelradantrieb, Stirnradvorgelege und Differential enthält, und den beiden seitlichen Achstrichtern, in denen die Hinterachswellen laufen. Die gesamte Hinterachse ist besonders kräftig gebaut, da sie die Hauptlast aufnehmen muß und durch sie der Antrieb geleitet wird. Das Hinterachsgehäuse ist aus Spezialstahlguß von hoher Festigkeit hergestellt und die Achstrichter aus gezogenem Chromnickelstahl.

Schwerlastwagen mit Dreiseitenkipper für Schüttgut.

Sonderfahrzeuge zum Transport von Langholz, Kabeltrommeln, Spiegelglas, lebenden Fischen usw.

Vorderachse und Lenkung.

Achse und Achsschenkel sind aus dem für diese Zwecke am besten geeigneten Sonderstahl erster Güte gepreßt, reichlich stark bemessen und in unbedingt sicherer Weise verbunden. Sie sind so angeordnet, daß die Räder weit eingeschlagen werden können, um dem Wagen, auch bei langem Radstand, eine große Wendefähigkeit zu verleihen.

Das Fahrzeug besitzt Linkssteuerung. Diese hat den Vorteil, dem Fahrer beim Ueberholen die Uebersicht über die Fahrbahn wesentlich zu erleichtern. Die Bewegung des Handrades überträgt sich mittels Steuersäule, Schneckengetriebe und kugeligen, nachstellbaren Gelenken auf die Lenkschenkel. Die Uebersetzung ist so getroffen, daß das Fahrzeug auch bei langsamer Fahrt leicht gesteuert werden kann.

Sämtliche Bedienungsorgane am Führersitz sind übersichtlich und sehr handlich angeordnet. In der Mitte des Lenkrades befindet sich der Druckknopf für das Signalhorn, der Schalter für den Fahrtrichtungsanzeiger, der Abblendumschalter, sowie der Gas- und Zündhebel. Die Fußhebel für Kupplung und Bremse können in ihrer Höhe verstellt und so der Körpergröße des Fahrers angepaßt werden.

Federung.

Sie erfolgt durch sehr lange und breite Blattfedern, die sehr vielblättrig gehalten sind, um bei jeder Belastung eine weiche und elastische Federung zu erzielen. Als Werkstoff dienen nur edelste Federstähle.

Räder.

Es finden ausschließlich Stahlguß-Speichenräder von hoher Festigkeit und doch geringem Gewicht Verwendung. Die Fahrzeuge werden je nach Wunsch mit hochelastischer Vollgummi- oder Riesenluftbereifung ausgerüstet. In letzterem Falle sind die bewährten Fischer-Simplex-Räder mit den leicht abnehmbaren geteilten Felgen vorgesehen. Alle Räder laufen in kräftigen Tonnen- und Kugellagern zur Erzielung geringster Reibungsverluste. Die Räder für Voll- und Luftbereifung sind untereinander auswechselbar. Zur Anbringung von Schneeketten befinden sich in den inneren Felgen besondere Befestigungsbolzen.

Lieferwagen und Möbelwagen.

Bremsen.

Um in Bezug auf Fahrsicherheit mit der steigenden Erhöhung der Geschwindigkeiten und der Vergrößerung der Wagengewichte gleichen Schritt zu halten, ist bei dem M.A.N.-Fünftonner die Frage der Bremsung mit ganz besonderer Sorgfalt behandelt worden. Sämtliche Fahrgestelle werden mit drei unabhängig voneinander wirkenden Bremsen ausgerüstet.

1. Die Motorbremse. Bei ihr genügt ein leichter Druck auf einen besonderen Fußhebel, um die auf die Ventile wirkende Nockenwelle des Motors in ihrer Längsrichtung zu verschieben und dadurch den Motor augenblicklich in einen kraftverzehrenden Kompressor umzuschalten. Auf diese Weise kann die Geschwindigkeit des Fahrzeuges in beliebigem Grade vermindert werden; dabei steigert sich die Bremskraft selbsttätig mit der Fahrgeschwindigkeit. Da die Räder auch bei stärkster Wirkung der Motorbremse nicht blockiert werden, wird das gesamte Triebwerk und besonders die Bereifung sehr geschont. Diese ohne jeden Verschleiß arbeitende Bremse bedeutet namentlich beim Fahren im gebirgigen Gelände einen außerordentlichen Vorteil. Sie wird deshalb mit Recht als die beste, wassergekühlte Dauer-Servo-Bremse bezeichnet.

2. Die Fußbremse ist als Vierradbremse ausgebildet. Ein einfacher, aber guter Bremsausgleich sorgt für zweckentsprechende Verteilung der Bremskraft auf alle vier Räder. Um die Betätigung noch weiter zu erleichtern und die Wirkung beträchtlich zu erhöhen, ist in die Vierradbremse eine Bosch-Dewandre-Servo-Einrichtung eingebaut. Die Vorderradbremse ist als Bandbremse, die Hinterradbremse als Backenbremse ausgebildet. Der leicht auswechselbare Bremsbelag ist aus Metall-Asbest-Gewebe von hoher Lebensdauer.

3. Die Handbremse wirkt unmittelbar auf die beiden Hinterräder.

Allgemeine Ausrüstung.

Der Brennstoffbehälter ist unter dem Führersitz angebracht und sehr groß gehalten. Er besitzt ein Fassungsvermögen von 150 l und gibt dem Wagen einen großen Fahrbereich. Die Brennstofförderung erfolgt durch Unterdruck. Zur Verwendung gelangt der bewährte Pallas-Unterdruckapparat mit 5 l Inhalt.

Die Ausrüstung dürfte auch den höchsten Anforderungen gerecht werden. Der Wagen besitzt eine vollständige elektrische Licht- und Anlasseranlage, elektrisches Signalhorn, Geschwindigkeitsmesser mit Doppelkilometerzähler, Zeitkontrolluhr, Fahrtrichtungsanzeiger, Scheibenwischer, Kühlerthermometer, Bergstütze und anderes. Am vorderen und hinteren Wagenende sind besondere Zughaken vorgesehen. Ferner ist eine kräftige, gut gefederte Anhängerkupplung vorhanden. Das linke Trittbrett ist aus Riffelblech angefertigt und als Werkzeugkasten ausgebildet. Ein sehr reichhaltiges Werkzeug, das von erstklassigen Spezialfirmen bezogen wird, vervollständigt die Ausrüstung der Wagen.

Aufbauten.

Art und Ausführung der Aufbauten richten sich nach dem jeweiligen Verwendungszweck der Wagen. Mit Ausnahme besonderer Spezialaufbauten werden sie in den eigenen auf das Beste eingerichteten Werkstätten hergestellt.

Normale Fünftonner
für Industrie und Großhandel jeder Art.

M·A·N
Lastzüge
Typ KVB/6

das ideale
Schwer- u. Fern-
Transportmittel

Nr. 221325/II.

M·A·N

MASCHINENFABRIK AUGSBURG-NÜRNBERG

Die größten M. A. N.-Lastwagen und Omnibusse sind die M. A. N.-Dreiachser, die für härteste Beanspruchung und schwerste Ferntransporte wegen der hohen Tragfähigkeit der Fahrgestelle (bis 12000 kg) und der hervorragenden Fahreigenschaften allgemein bevorzugt werden.

Die an sich schon hohe Wirtschaftlichkeit des M. A. N.-Dreiachsers ist durch den neuen für Dreiachser genügend starken 140/150 PS M. A. N.-Diesel erheblich verbessert worden. Die Ersparnis an Brennstoffkosten beträgt bis zu 85%.

DREIACHSER
Typ S 1 H 6 Hochrahmen
„ S 1 N 6 Niederrahmen

ABMESSUNGEN — GEWICHTE

	S 1 H 6 Hochrahmen				S 1 N 6 Niederrahmen	
	Vergaser		Diesel		Vergaser	Diesel
Motor:					2086 A	D 4086
Typ	2086 A		D 4086			
Zylinderzahl	6		6			
Bohrung	120 mm		140 mm		Abmessungen	
Hub	180 mm		180 mm		nebenstehend	
Drehzahl max.	1500		1400			
Hubvolumen	12,2 ltr.		16,6 ltr.			
Leistung	150 PS		140/150 PS			
Fahrgestell:						
Radstand	4350+1300	5750+1300	4350+1300	5750+1300	5550+1300 mm	
Bruttobelastungsfähigkeit (technisch zulässige Tragfähigkeit des Fahrgestells = Aufbau + Nutzlast)	bis 12000 kg				bis 12000 kg	
Spurweite vorn und hinten	1880 mm bezw. 2000 mm				1880 bezw. 2000 mm	
Gewicht des betriebsfertigen Fahrgestells	6300 kg	6400 kg	6500 kg	6600 kg	6400 kg	6600 kg
Bereifung	13.50—20				10,50—20 (12,00—20 Übergröße)	
Geschwindigkeit je nach Hinterachsuntersetzung	34/42/46 km		31/39/43 km		39/43 km	36/40 km
Fahrfertiger Wagen:						
Länge der Ladefläche (außen)	5000— 6000 mm	7000— 8000 mm	5000— 6000 mm	7000— 8000 mm		
Breite der Ladefläche (außen)	2260 mm				2330 mm	
Höhe der Bordwände	600 mm					
Gesamtlänge des Wagens	8050— 9050 mm	10045— 11045 mm	8120— 9120 mm	10120— 11120 mm	11200 mm—11270 mm	

Bild 1.
222463

Bild 2.
223162

	S 1 H 6 Hochrahmen		S 1 N 6 Niederrahmen	
	Vergaser	Diesel	Vergaser	Diesel
Gesamtbreite des Wagens	2350 mm		2350 mm	
Gesamthöhe des Wagens bis Oberkante Führerhaus	ca. 2650 mm		ca. 2650 mm	
Gewicht des Wagens mit normaler Brücke ohne Ausrüstung	7500 kg	7700 kg	7700 kg	7900 kg	je nach Aufbau
Nutzlast (entsprechend der gesetzlichen Höchstgewichtsgrenze von 16 to)	8500 kg	8300 kg	8300 kg	8100 kg	bis 70 Personen

Bild 3.
222927

Rahmen

Der außerordentlich k r ä f t i g e R'a h-
m e n aus hochwertigem Spezialstahl
l i e g t bemerkenswert t i e f. Bild 2
und 3.

Omnibusse und Sonderfahrzeuge
werden in Niederrahmen-Ausführung
mit über den Achsen gekröpften
Rahmenlängsträgern geliefert. Bild 4.

Motor: je nach Wunsch
140/150 PS 6 Zyl.-Diesel- oder
150 PS 6 Zyl.-Vergaser-Motor.

Kupplung

Mehrscheiben-Trockenkupplung mit
nachstellbarer Kupplungsbremse.
L e i c h t e s und g e r ä u s c h l o s e s
S c h a l t e n.

Getriebe

Z. F.-Einheitsausführung mit 4 Vorwärtsgängen, 1 Rückwärtsgang und
Mittelschaltung. Vom Motor getrennt,
in drei Punkten aufgehängt und in
Gummi gelagert.

Gelenkwellen

Ein z e n t r a l gelagerter Gelenk-
wellenzug aus starken, gut ausgewuchteten Stahlrohren überträgt die
Kraft vom Wechselgetriebe auf die
beiden Hinterachsen. Bild 5.

Die Federwege der Hinterachsen
werden von kräftigen Kreuzgelenken,
deren Deckel hohl gepreßt und mit
Oel gefüllt sind, ausgeglichen.

Hinterachse

Das wesentliche Merkmal der M.A.N.-
Dreiachs-Fahrgestelle ist die H i n t e r-
a c h s e, die in der Hauptsache aus
dem kastenförmigen Mittelstück aus
M o l y b d ä n - E l e k t r o s t a h l g u ß von
hoher Festigkeit besteht. Bild 1. Mit
diesem Mittelstück sind die Achs-
stummel aus hochvergütetem Chrom-
Nickelstahl fest verbunden. Zwischen
den Achsstummeln ist die Achse s t a r k
n a c h u n t e n gekröpft, wodurch sich
die besonders t i e f e Rahmenlage
der M.A.N.-Dreiachser ergibt. Bild 2.

Die Seitenwellen werden durch geräuschlos arbeitende Schneckengetriebe angetrieben; die Schnecken
bestehen aus Chromnickelstahl und
die Schneckenräder, die nach dem
Schleuderverfahren gegossen sind, aus
hochwertiger Spezial Phosphorbronze.
Infolge dieses Schneckenantriebes
kann die zweite Hinterachse
durchgehend a n g e t r i e b e n werden, ohne daß Nebengetriebe
und kraftverzehrende Umlei-
tungen erforderlich sind. Bild 5.

Die weitere Kraftübertragung auf die
einzelnen Hinterräder erfolgt durch
vollständig wasser- und staubdicht
gekapselte Stirnradnabenantriebe;
dadurch lassen sich die s e h r b r e i t e n
B r e m s t r o m m e l n in die äußeren
Seiten der Hinterräder verlegen;
während die Bremsorgane l e i c h t
zugänglich und bequem nachzustellen sind.

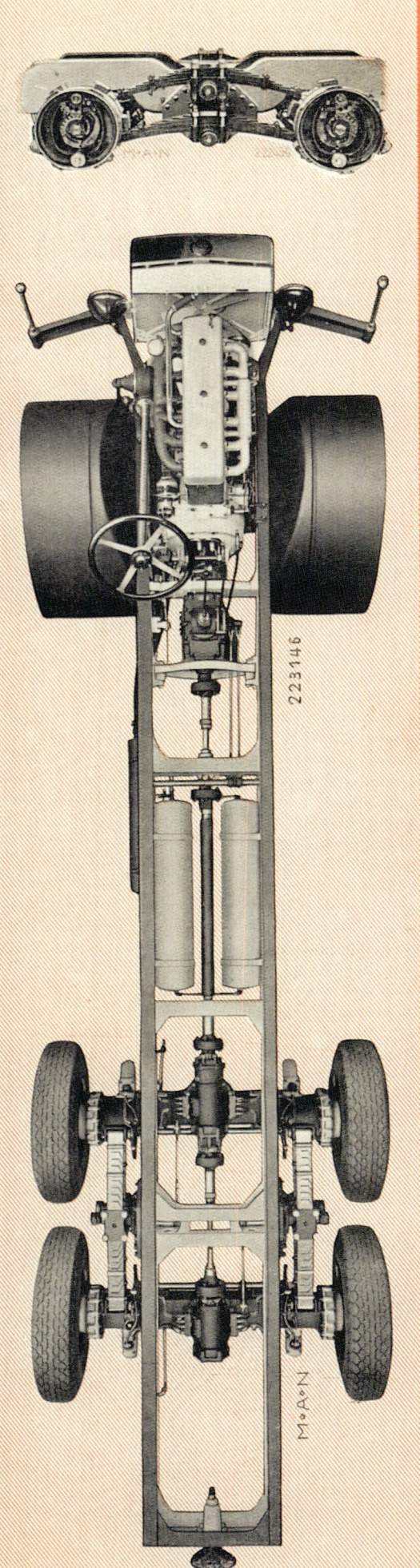

223146

Bild 4

Bild 5

M·A·N

Hinterachsfederung

Beide Achsen sind durch zwei Halbelliptikfedern gegeneinander abgestützt. Bild 4. Die Federn nehmen die
Schub- und Bremskräfte auf und sind
in ihrer Mitte jeweils auf zwei am
Rahmen befestigte Zapfen drehbar
gelagert. Diese Anordung vermei-
d e t erhöhte Achsbelastungen
beim Bremsen und Anfahren.

Vorderachse — Lenkung

Kräftige Faustachse. G r o ß e r E i n-
s c h l a g w i n k e l der Vorderräder.
Trotz der hohen Achsdrücke lassen sich
M.A.N.-Dreiachser auch bei mäßiger
Geschwindigkeit und mit Ballonbe-
reifung sehr l e i c h t lenken.

Räder

Fischer-Simplex-Stahlgußräder mit
abnehmbaren geteilten 20"-Felgen.

Bremsen

M.A.N.-Dreiachser besitzen zwei vollständig von einander unabhängig
zu betätigende Bremssysteme,

1. Als F u ß b r e m s e dient eine Knorr-
Druckluft-Sechsradbremse, die sich sehr
leicht bedienen läßt und unter allen
sechs Rädern immer ausgeglichen ist.
Auf Wunsch mit besonderem Anschluß
für eine Anhängerbremse.

2. H a n d b r e m s e als Doppelbremse.
Je einer der feststellbaren Handhebel
wirkt auf ein Hinterräderpaar.

3. M o t o r b r e m s e. Die mehr als
tausendfach bewährte M.A.N.-Motor-
bremse wird bei Dreiachsern mit
Vergasermotor wiederum verwendet.

Allgemeine Ausrüstung

Brennstoffbehälter mit 200 Ltr. Inhalt;
Brennstofförderung durch Unterdruck
bezw. Membranpumpe. Vollständige
elektrische Licht- und Anlasseranlage,
elektrisches Signalhorn, Geschwindigkeitsmesser mit Doppelkilometerzähler, Zeituhr, Fahrtrichtungsanzeiger,
Scheibenwischer, Kühlerthermometer,
Pufferstange mit Visierkugeln für den
Fahrer. Bei Lastwagen wird das linke
Trittbrett aus Riffelblech angefertigt
und als Werkzeugkasten ausgebildet.
Reichhaltiges Werkzeug, das von nam-
haften Spezialfirmen bezogen wird,
vervollständigt die Ausrüstung der
Fahrzeuge.

Aufbauten

Art und Ausführung der Aufbauten
für Lastwagen und Omnibusse richten
sich nach dem jeweiligen Verwendungszweck der Wagen. Mit Ausnahme einzelner Spezialaufbauten
werden sie in den eigenen neuzeitlich
eingerichteten Werkstätten hergestellt.

Anfragen erbeten an unsere
Büros oder an **Werk Nürnberg.**

MASCHINENFABRIK AUGSBURG-NÜRNBERG A·G·

M·A·N

MASCHINENFABRIK·AUGSBURG-NÜRNBERG A.G.

5·TONNER

TYP F1 H6

mit

100/110 PS 6 Zyl. 12,2 Ltr. DIESELMOTOR

oder

100 PS VERGASERMOTOR

Maschinenfabrik Augsburg-Nürnberg A.G
Lastwagenbüro Stuttgart

IIN 67111

D 22 1370

K. 33

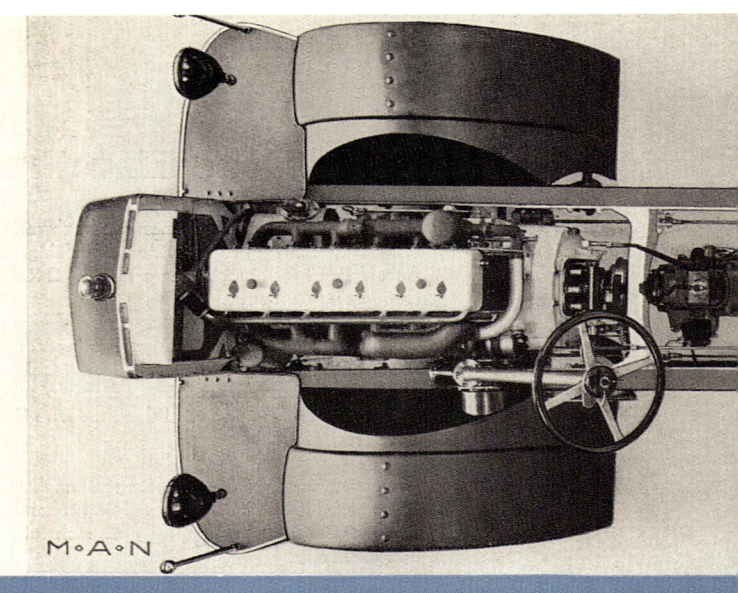

Bild 3:

Einfache
klare Bauart
Leichte Pflege
und
Wartung

M·A·N

Leistungen, Abmessungen und Gewichte.

1. Motor:

	Diesel		Vergaser	
Typ	D 2086		1065 B	
Zylinderzahl	6		6	
Bohrung	120 mm		110 mm	
Hub	180 mm		165 mm	
Drehzahl	1400 Umdr./min.		1500/1600 Umdr./min.	
Hubvolumen	12,2 Ltr.		9,4 Ltr.	
Motorleistung	100/110 PS		100 PS	

2. Fahrgestell:

	normal	verlängert	normal	verlängert
Radstand	5000 mm	5700 mm	5000 mm	5700 mm
Brutto-Tragfähigkeit (Aufbau + Nutzlast)				
norm. Wagen	6100 kg	6000 kg	6400 kg	6300 kg
Spez.-Wagen	7100 kg	7000 kg	7400 kg	7300 kg
Spurweite vorn und hinten	1800 und 1790 mm			
Gewicht des betriebsfertigen Fahrgestells . . . . etwa	4700 kg	4800 kg	4400 kg	4500 kg
Bereifung	Hochdruck 38×9 Typ Zwilling			
	oder			
	Niederdruck 9,75—20 extra			
Höchstgeschwindigkeit je nach Untersetzung und Bereifung	28/32/40 km/Std.		32/37/46 km/Std.	
Lenkradius am äußeren Vorderrad gemessen . . etwa	8800 mm	9800 mm	8800 mm	9800 mm
Lenkradius am inneren Hinterrad gemessen . . etwa	5400 mm	6200 mm	5400 mm	6200 mm

3. Fahrfertiger Wagen:

Länge der Ladefläche (Außenmaße)	4600—6000 mm			
Breite der Ladefläche (Außenmaße)	2260 mm			
Höhe der Bordwände	600 mm			
Gesamtlänge des Wagens	7600—9000 mm			
Gesamtbreite des Wagens	2350 mm			
Gesamthöhe des Wagens (bis Oberkante Führerhaus)	2650 mm (unbelastet)			
Gewicht des Wagens mit normaler Brücke ohne Sonderausrüstung . . . . etwa	5600 kg	5800 kg	5300 kg	5500 kg
Nutzlast	5000 kg			
Gesetzl. Höchstgewicht: norm. Wagen	10800 kg			
Spez.-Wagen	11800 kg			

223082

22308

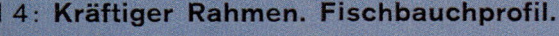

4 : **Kräftiger Rahmen. Fischbauchprofil.**

223086

5 : **Übersichtliche und leicht zugängliche Anordnung von Kupplung und Getriebe.**

Der M·A·N-Schwerlastwagen TYP F1 H6

ist der meistgekaufte deutsche 5-Tonner mit 100/110 PS-Hochleistungs-Dieselmotor. Bei diesem Wagen wurden alle Erfahrungen, die die M. A. N. in ihrem **langjährigen und vielseitigen Schwerlastwagenbau** sammeln konnte unter Berücksichtigung aller **wirklichen Fortschritte der Technik** verwertet. Der Wagen ist von vornherein für **härteste Dauerbeanspruchung und schweren Anhängerbetrieb** gebaut und hat nunmehr seit Jahren seine hohe Wirtschaftlichkeit durch geringen Verschleiß und lange Lebensdauer bewiesen. Der M. A. N.-5-Tonner ist der Wagen des **kleinen Reparaturkontos und der niedrigen Abschreibung.** Auch rein äußerlich betrachtet gilt dieser Typ wegen seiner dem neuzeitlichen Geschmack angepaßten Linienführung als vorbildlich. Zusammengefaßt ergeben sich folgende Vorteile:

1. Geringes Eigengewicht.
2. Einfache übersichtliche Bauart.
3. Ungeteilte leichte Hinterachse mit dahinter liegendem Triebwerk. Getrennte Beanspruchungen. Triebwerk treibt, Tragachse trägt.
4. Geringes Gewicht der unabgefederten Massen, daher angenehmes Fahren auch bei unbeladenem Fahrzeug.
5. Niedriger Reifenverbrauch.
6. Leichte Wartung und Pflege.
7. Geringer Verschleiß, lange Lebensdauer.

Große **Vorteile** für den Kunden bietet die **umfassende M.A.N.-Verkaufsorganisation mit eigenen Verkaufsbüros, eigenen Reparaturwerkstätten** und der seit Jahren erfolgreich eingerichtete **Revisionsdienst.** Gegen einen mäßigen Beitrag wird jeder dem Revisionsdienst angeschlossene Wagen regelmäßig durch erfahrene Revisionsmeister durchgesehen. Kleinere Mängel werden, bevor sie größere Schäden verursachen können, entdeckt und behoben. Nähere Auskunft erteilen unsere Büros.

Bild 1:

Serienmäßige Fließmontage von Diesel-5-Tonnern.

Zusammenbau in großen, hellen und neuzeitlich eingerichteten Hallen. Vielfache Kontrolle. Gleichmäßig genaue Werkstattarbeit.

Bild 2:

Wagenprüfstand

Zum ersten Einlaufen und Beobachten des fertig zusammengebauten Wagens und zur Ermittlung der Triebwerksverluste dient ein Wagenprüfstand am Ende der Fließstraße. Auf dem Prüfstand kann der Wagen bei jeder Fahrgeschwindigkeit verschieden belastet werden. Der Antrieb erfolgt entweder durch den eigenen Motor oder durch einen Elektromotor. Zum Ablesen der Leistung und Geschwindigkeit dient ein weit sichtbares Lichtzeigergerät, das von jeder Stelle des Prüffeldes aus beobachtet werden kann.

Bild 6:

Instrumentenbrett usw.

1. Anlasser
2. Fußhebel für Dekompression
3. Kupplung
4. Getriebe-Schalthebel
5. Gas-Fußhebel
6. Bremsfußhebel für Vierradbremse
7. Handhebel für Einspritz- bezw. Zündverstellung
8. Handhebel für Leerlaufeinstellung
9. Umschalter für Winker
10. Umschalter für Abblendung
11. Boschhorn
12. Bosch-Anlaßhelf
    (nur bei strengster Kälte erforderlich)
13. Unterdruckmesser für Vierradbremse
14. Handbremshebel
15. Oeldruckmesser
16. Brennstoffdruckmesser
17. Tachometer
18. Schaltkasten für elektr. Anlage
19. Sicherungskasten für elektr. Anlage
20. Zeituhr
21. Vierkant für Reifen-Luftpumpe
22. Anlaßkraftstoff-Behälter

Bild 7:

Kräftige Bremswellen.
Anspruchslose Kreuzgelenke.

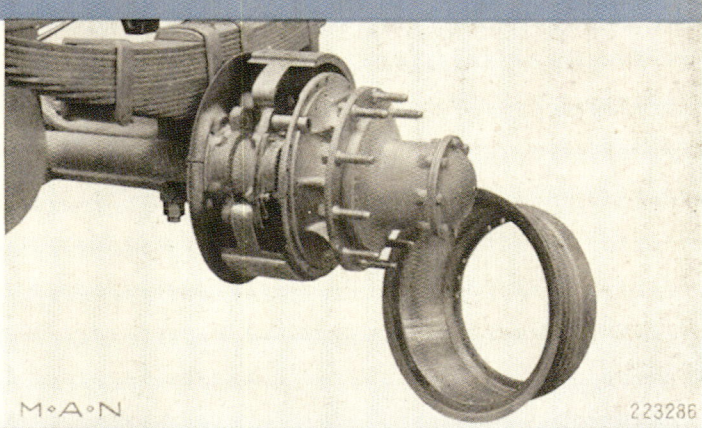

Bild 8:

Bequemes und schnelles Erneuern
der Bremsbeläge ohne Abnehmen
der Radnaben.

Bild 9:

Spezial-Hinterachse.
Niedrige Bauhöhe.
Tragachse ungeteilt und vom Trieb-
werk getrennt. Gewichtsersparnis.

Technische Einzelheiten

Rahmen

Reichlich bemessener Rahmen aus hochwertigem Stahlblech gepreßt, Längsträger nach unten fischbauch-artig ausgeführt und sehr widerstandsfähig. Die erforderliche Steifigkeit wird durch eine ausreichende Anzahl kräftiger Querträger erreicht. 2 Radstände, Länge des Rahmenüberhanges richtet sich nach der Größe des Aufbaues.

Motor

Der Fünf-Tonner kann mit Diesel- oder Vergasermotor geliefert werden.
Der M.A.N.-12,2-Ltr.-Sechszylinder-Dieselmotor arbeitet außerordentlich sparsam bei praktisch rauch- und geruchloser Verbrennung. Der Motor ist in einer Sonderdrucksache ausführlich beschrieben.
Als Vergasermaschine wird der moderne Sechszylinder Typ 1065 B verwendet. Beschreibung in einer Sonderdrucksache.

Kupplung

Mehrscheiben-Trocken-Kupplung mit nachstellbarer Kupplungsbremse. Unempfindlich, geringe Wartung, weiches, stoßfreies Arbeiten. Mit Mehrscheibenkupplungen schaltet man leicht und geräuschlos. Im Bedarfsfall kann die Kupplung für sich leicht ausgebaut werden. Elastische Gelenke zwischen Motor und Getriebe.

Getriebe

Das Getriebe, Z.-F.-Einheitsausführung, ist vom Motor getrennt und in drei Punkten elastisch aufgehängt; es hat 4 Vorwärtsgänge, 1 Rückwärtsgang und Kugelschaltung. Günstige Aufhängung, leichter Ausbau. Schaltgestänge im Getriebedeckel.
Auf Wunsch wird am Getriebekasten eine Luftpumpe zum Reifenfüllen angebaut.

Gelenkwellen

Kraftübertragung vom Wechselgetriebe auf die Hinterachse durch starke, zentral gelagerte und gut ausgewuchtete Rohrwellen. Die verwendeten Kreuzgelenke haben lange Lebensdauer und sind an-spruchslos in Pflege und Wartung.

Hinterachse

Die Hinterachse unterscheidet sich von bekannten Bauarten durch die Trennung des Triebwerkes von der eigentlichen Achse, die als reine, ungeteilte Tragachse mit dahinterliegendem Triebwerk ausgeführt ist. Die Tragachse aus Chromnickelstahl ist in einem Stück im Gesenk geschmiedet. Die Gelenkwelle über-trägt die Antriebskraft auf Kegelräder mit Bogenverzahnung; am Tellerrad ist in bewährter Weise das Ausgleichgetriebe angebracht, das die Kraft mittels der beiden Hinterachsseitenwellen durch Stirnrad-Nabenantriebe auf die Räder weiterleitet. Das gesamte Triebwerk der Hinterachse ist vollständig staub- und wasserdicht gekapselt; es ist bequem zugänglich und läßt sich leicht nach hinten ausbauen. Die Vorzüge dieser Achse liegen vor allem in der leichteren Bauart, die durch nochmalige Untersetzung im Stirnrad-Nabenantrieb erreicht wurde und eine Verringerung der unabgefederten Massen, sowie nied-rigen Gummiverbrauch zur Folge hat.

Vorderachse Lenkung

Kräftige Faustachse. Großer Einschlagwinkel der Vorderräder. Selbst bei langem Radstand ist die Wendigkeit hervorragend. Die Lenkung — Schnecke und Schneckenrad — ist links angeordnet. Durch günstige Übersetzungsverhältnisse im Lenkmechanismus und besondere Lagerung der Achsschenkel läßt sich der Wagen spielend leicht lenken.

Federung

Lange und breite Blattfedern. Sehr weiche, den Wagen schonende Federung. Die Hinterfedern aus Chrom-Vanadium-Stahl sind am vorderen Ende fest am Rahmen aufgehängt. Sie übertragen die Antriebs- und die Bremskräfte der Hinterachse, während die Vorderfedern aus Mangan-Siliciumstahl mit dem festen hinteren Auge die Bremskräfte der Vorderachse aufnehmen.

Räder

Leicht abnehmbare Stahlblech-Scheibenräder für Luftbereifung mit 20" Felge. Die Räder laufen auf kräftigen Wälzlagern.

Bremsen

Die Fahrzeuge werden mit 3 unabhängig voneinander wirkenden Bremsen ausgerüstet.
1. Die Fußbremse ist eine Vierradbremse mit Bosch-Dewandre-Servoeinrichtung und großen Bremsflächen. Bei Stillstand des Motors oder bei eingeschalteter Motorbremse dient ein Hilfsluft-Unterdruckkessel zur Betätigung der Servobremse. Sowohl die Vorderradbremse wie die Hinterrad-bremse sind in der bewährten Zweibacken-Bauart ausgebildet. Der Bremsbelag besteht aus hydraulisch gepreßtem Metall-Asbest-Gewebe von hoher Lebensdauer; er kann ohne Abnahme der Radnaben leicht ausgewechselt werden.
2. Die Handbremse wirkt unmittelbar auf die beiden Hinterräder.
3. Motorbremse (bei Vergaser-Motoren). Ein leichter Druck auf einen besonderen Fußhebel genügt, um den Motor augenblicklich in einen kraftverzehrenden 2-Takt-Kompressor umzuschalten. Beim Los-lassen des Fußhebels schaltet sich die Motorbremse von selbst aus.

Allgemeine Ausrüstung

Ein Brennstoffbehälter mit großem Fassungsvermögen ist unter dem Führersitz angebracht; zur Brenn-stofförderung dient eine mechanische Brennstoffpumpe beim Dieselmotor, ein Unterdruck-Förderer mit 5 Ltr. Inhalt beim Vergasermotor. Jeder Wagen besitzt eine vollständige elektrische Licht- und Anlasseranlage, elektrisches Signalhorn, Kilometerzähler mit Tages- und Gesamtzählwerk, Zeituhr, Fahrt-richtungsanzeiger, Scheibenwischer, verchromten Kühler, Kühlerthermometer, Stoßstange mit Begren-zungsstäben, besondere Zughaken und eine kräftige, gut gefederte Anhängerkupplung. Das rechte Trittbrett aus Riffelblech dient gleichzeitig als Werkzeugkasten. Jedem Wagen wird reichhaltiges Werkzeug mitgegeben.

Aufbauten

Art und Ausführung der Aufbauten richten sich nach dem jeweiligen Verwendungszweck der Wagen. Mit Ausnahme einzelner Spezialaufbauten werden sie in den eigenen neuzeitlich eingerichteten Werkstätten hergestellt.

Nr. D 22 13 71

M·A·N

MASCHINENFABRIK AUGSBURG-NÜRNBERG A.G.

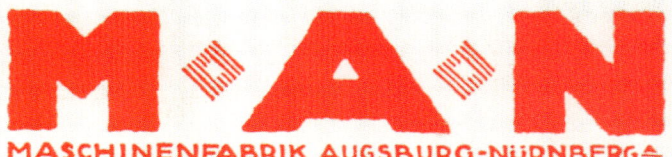

DIESEL-SATTELSCHLEPPER

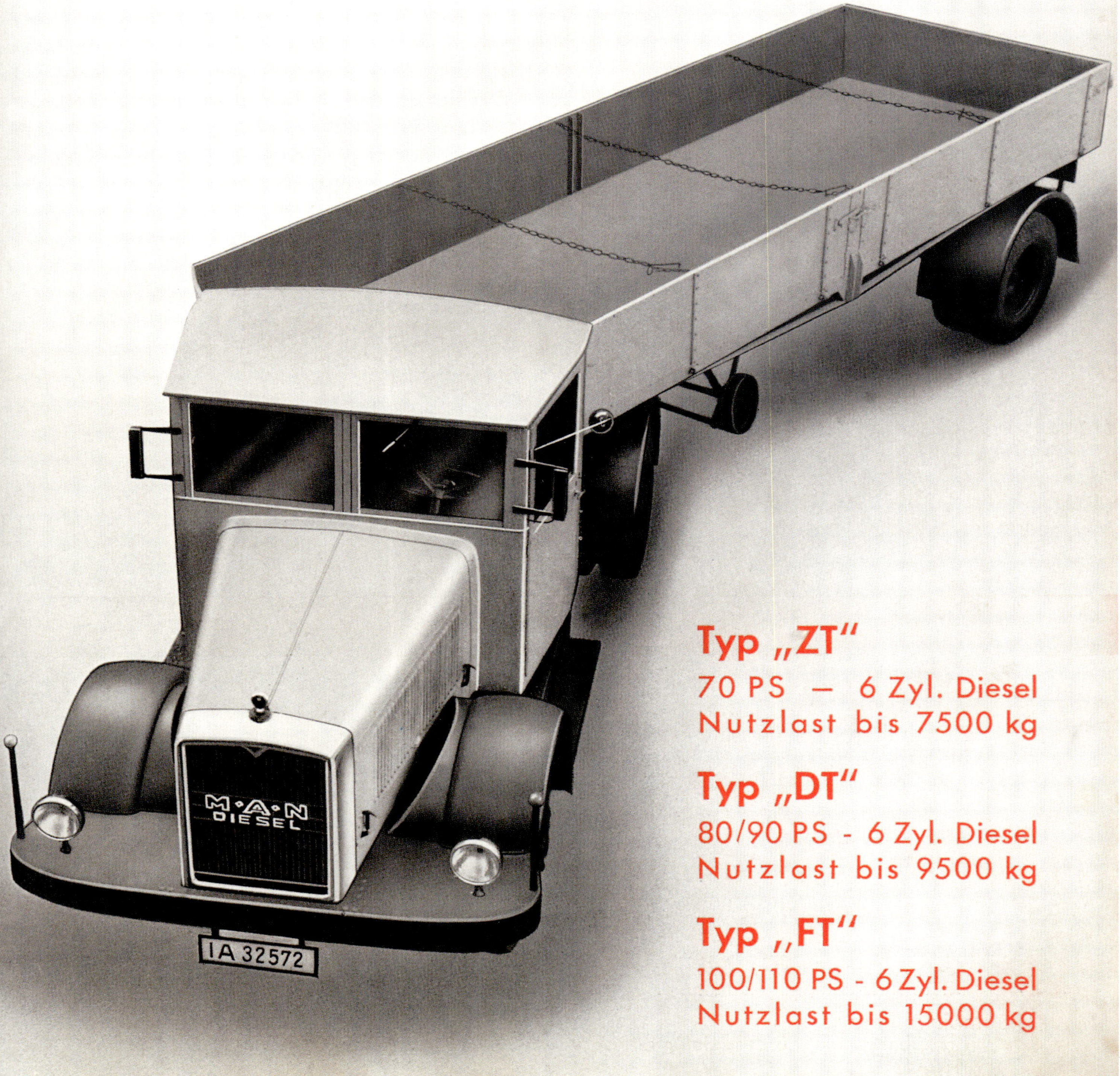

Typ „ZT“

70 PS — 6 Zyl. Diesel
Nutzlast bis 7500 kg

Typ „DT“

80/90 PS - 6 Zyl. Diesel
Nutzlast bis 9500 kg

Typ „FT“

100/110 PS - 6 Zyl. Diesel
Nutzlast bis 15000 kg

D 22 13 71

6 D

SATTELSCHLEPPER

verdanken ihre Beliebtheit der Forderung des Tages, die gebieterisch jede nur mögliche **Senkung der Transportkosten** verlangt.

Sattelschlepper

sind **hochwirtschaftliche Transportmittel**, können aber nur dann **zufriedenstellende Leistungen aufweisen**, wenn sie hinsichtlich der **Tragfähigkeit, der Zugkraft, des Bremsvermögens und der Wendigkeit des Triebwagens** allen technischen und wirtschaftlichen Forderungen genügen.

M.A.N.-SATTELSCHLEPPER

erfüllen alle Ansprüche eines neuzeitlichen und wirtschaftlichen Fuhrbetriebes; sie wurden **eigens** aus den durch ihre kräftige Bauart schon seit Jahren bekannten **M.A.N.-Fahrgestellen entwickelt** und den Eigenheiten des Sattelschlepperverkehrs angepaßt.

Als Motoren

werden M.A.N.-Dieselmotoren von 70 bis 110 PS — **nur ausgeglichene 6-Zylinder** — verwendet. M.A.N.-Motoren sind für Sattelschlepper insofern hervorragend geeignet, als sie durch ihre **Konstruktionsreife, großes Hubvolumen, niedrige Drehzahlen, lange Lebensdauer** und den durch das M.A.N.-Dieselverfahren bedingten **niedrigen Brennstoffverbrauch** eine ungewöhnlich **hohe Wirtschaftlichkeit** sicherstellen. **Kolben**leistungen über 200 000 km sind keine Seltenheiten mehr.

Kräftige Bauart:

Den hohen Beanspruchungen entsprechend sind die Zugwagen robust gebaut und in ihren Einzelteilen reichlich bemessen.

Rahmen:
Stahlrahmen, gepreßt, Fischbauchprofil, kräftige Querträger.

Kupplung:
Mehrscheiben-Trockenkupplung, unempfindlich, nachstellbare Kupplungsbremse.

Getriebe:
ZF-Einheitsausführung, 4 Vorwärtsgänge, 1 Rückwärtsgang, Kugelschaltung.

Gelenkwellen:
Kraftübertragung durch starke, gut ausgewuchtete Rohrwellen. Anspruchslose Kreuzgelenke.

Hinterachse:
Stirnradnabenantrieb. Tragachse ungeteilt, vom Triebwerk getrennt.

Vorderachse, Lenkung:
Kräftige Faustachse, mit großem Einschlagwinkel der Vorderräder, hervorragende Wendigkeit, Linkslenkung, Schnecke mit Schneckenrad, spielend leichter Gang.

Ausführliche technische Einzelheiten der Motoren, Vorteile des M. A. N.-Dieselverfahrens usw. sind in Sonderdrucksachen enthalten. **Für ungewöhnlich hohe Ansprüche empfehlen wir einen 3-Achs-Sattelschlepper mit 140/150 PS-Dieselmotor. Näheres auf Anfrage.** Auf Wunsch können die Typen DT und FT mit 80 bezw. 100 PS-Benzinmotoren geliefert werden.

Die hohe Wirtschaftlichkeit der M. A. N.-Sattelschlepper

erklärt sich aus den verhältnismäßig geringen Anschaffungskosten bei großer Nutzlast und niedrigen Betriebskosten. Trotz 2 und 3 × größerer Nutzlast als bei normalen Lastwagen ist der Brennstoffverbrauch nicht erheblich höher, während sich infolge der Trennung von Zugwagen und Laderaum durch geschickte Ausnutzung der Be- und Entladezeiten und Verwendung von mehreren Anhängern ein hochwirtschaftlicher Betrieb durchführen läßt.

Niedrige Steuer

Sattelschlepper werden wesentlich niedriger besteuert, da sich der Steuersatz nur nach dem Gewicht des Zugwagens bei aufgesatteltem leerem Anhänger richtet.

Fahrtechnische Vorzüge

Geringes Eigengewicht, hohe Geschwindigkeit und besseres Steigungsvermögen gegenüber Zugmaschinen bezw. Traktoren. Infolge des kurzen Radstandes und der zweckmäßigen Ausbildung der Vorderachsen sind M. A. N.-Sattelschlepper so wendig, daß das An- und Abkuppeln selbst dann keinerlei Schwierigkeiten verursacht, wenn Zugwagen und Anhänger im rechten Winkel zueinander stehen.

Federung:

Lange und breite Blattfedern. Hinterfedern übertragen Antriebs- und Bremskräfte.

Räder:

Stahlblechscheibenräder 20" Felge, leicht abnehmbar.

Bremsen:

Typ ZT. Fußbremse: Vierrad-Oeldruckbremse. Auf Wunsch Unterdruckbremse für Anhänger.
Handbremse: wirkt auf Getriebe.
Typ DT und FT. Fußbremse: Vierrad-Bosch-Dewandre-Servobremse auf Wunsch mit Anhänger-Bremsanschluß.
Handbremse: wirkt auf die 4 Räder des Zugwagens.

Allgemeine Ausrüstung:

Vollkommen geschlossenes Führerhaus, bequeme Sitze für 3 Personen, 2 Türen mit Kurbelfenstern. Brennstoffbehälter mit großem Fassungsvermögen unter dem Führersitz, vollständige elektrische Licht- und Anlasseranlage. Elektrisches Signalhorn, Tachometer mit Gesamtzählwerk, Fahrtrichtungsanzeiger, Scheibenwischer, verchromter Kühler, Kühlerthermometer, Stoßstange mit Begrenzungsstäben.

Sattel und Anhänger:

Art und Ausführung richten sich nach den Wünschen des Käufers und können von bekannten Anhängerfabriken geliefert werden

Sattelschleppzug mit Schlafkabine für Ferntransporte.

Sattelschlepper, Typ „DT", für Belgien.

Sattelschlepper für Möbeltransporte mit Luxuskarosserie für 8 Personen. Personen- und Führerraum durch eine Glaswand getrennt.

Typ „FT" mit herabgelassenen Stützrädern. Fertig zum Absatteln.

Typ „ZT"

Typ „DT"

Typ „FT"

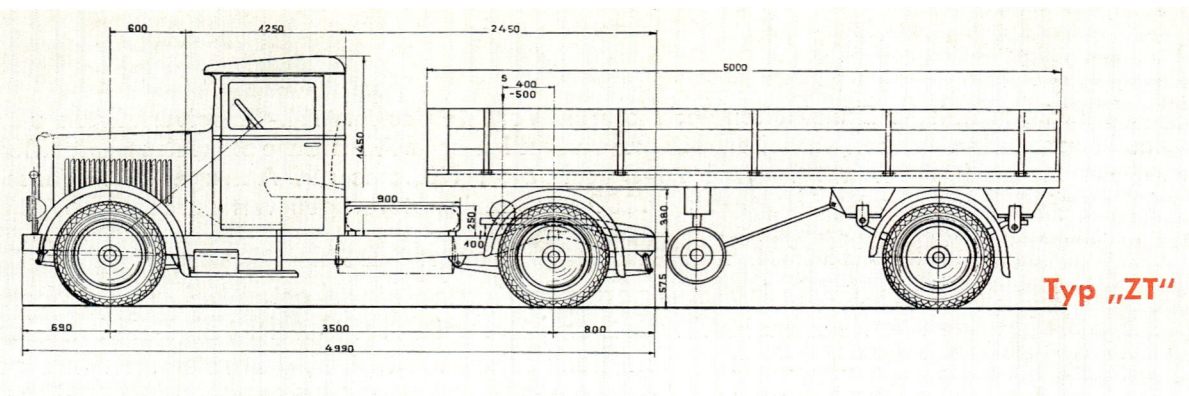

Typ „ZT"

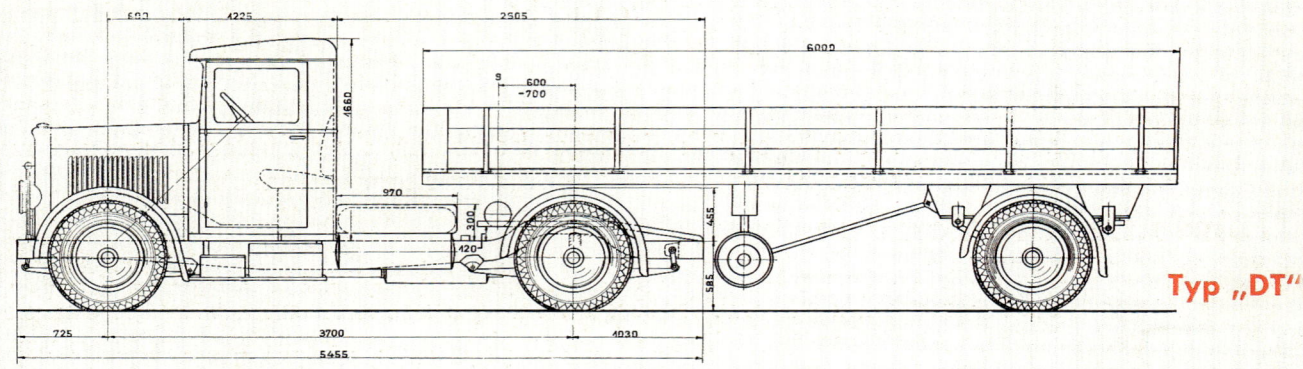

Typ „DT"

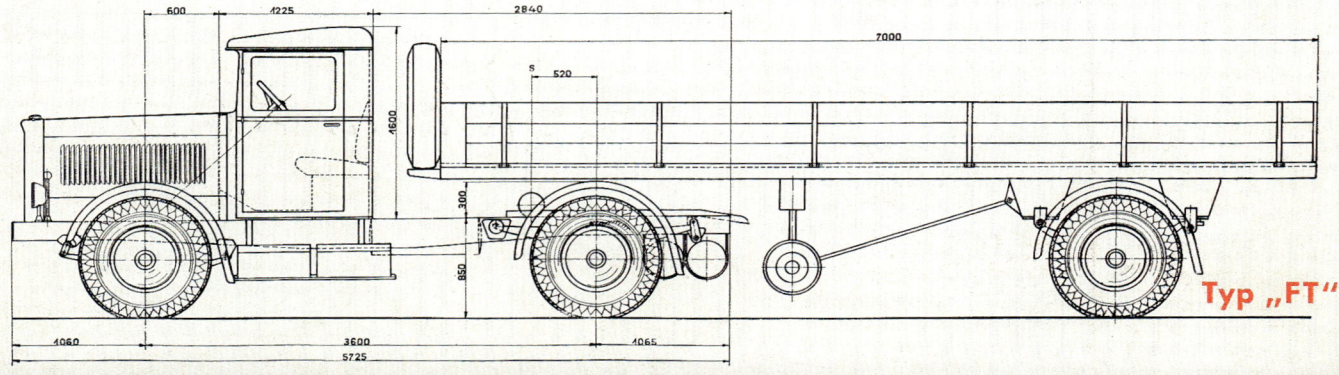

Typ „FT"

LEISTUNGEN – MASSE – GEWICHTE:

Typ	„ZT"	„DT"	„FT"
Motor:	6-Zyl.-Diesel	6-Zyl.-Diesel	6-Zyl.-Diesel
Leistung	70 PS	80/90 PS	100/110 PS
Hubvolumen	6,7 Ltr.	7,3 Ltr.	12,2 Ltr.
Drehzahl	1800/min.		1400/min.
Zugwagen:			
Radstand	3500 mm	3700 mm	3600 mm
Spurweite vorne	1646 mm	1757 mm	1800 mm
hinten	1562 mm	1615 mm	1790 mm
Baulänge (Führerhausrückwand bis			
Rahmenende)	2450 mm	2905 mm	2840 mm
Bereifung . . . . . Niederdruck	7,25 — 20	8,25 – 20	9,75 – 20
Hochdruck .	32 × 6	34×7½	38×9 Zwilling
Gewicht des Zugwagens ohne Sattel,			
mit Führerhaus . . . . . etwa	2800 kg	3600 kg	5000 kg
ohne Führerhaus	2600 kg	3400 kg	4800 kg
Höchstzulässiger Vorder-Achsdruck .	2100 kg	2700 kg	4000 kg
„ Hinter-Achsdruck	4300 kg	5500 kg	7500 kg (bis 8000)
Sattelschlepper fahrfertig:			
Brückenlänge, normal	5000 mm	6000 mm	7000 mm
Brückenbreite (Außenmaße) . .	2000 mm	2100 mm	2260 mm
Bordwandhöhe	400 mm	500 mm	600 mm
Ladehöhe	je nach Fabrikat des Anhängers		
Nutzlast	bis 7500 kg	bis 9500 kg	bis 15000 kg *)
Geschwindigkeit, normal . . .	45 oder 55 km	48 km	40 km
Brennstoffverbrauch s. Lief.-Bed. etwa	21 kg	24 kg	30—33 kg
Zulässige Belastung am Aufsattelpunkt	3600 kg	4600 kg	7000 kg

*) in Deutschland bei 2 Anhängern

D 22 1373

M·A·N

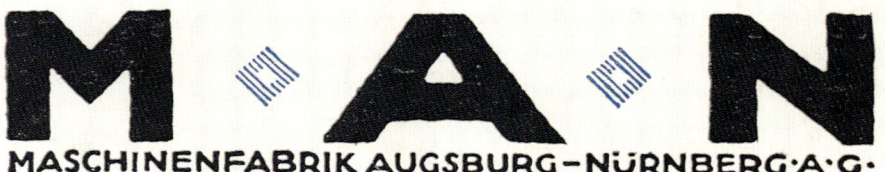

MASCHINENFABRIK AUGSBURG-NÜRNBERG·A·G·

12,2 Liter — 100/110 PS

DIESELMOTOR

FÜR

Projekt I Nr. 7

LASTWAGEN
OMNIBUSSE
SATTELSCHLEPPER

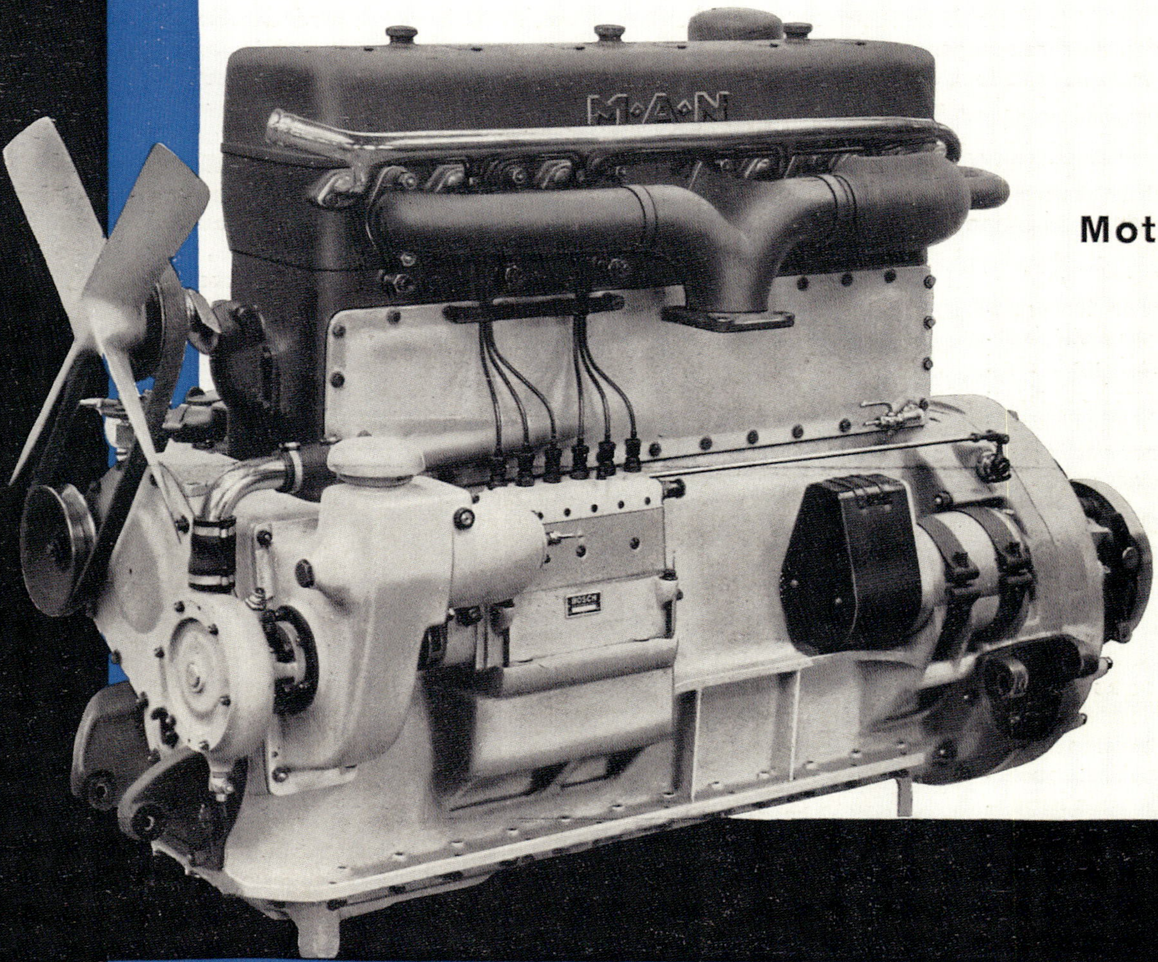

Motortyp
D 2086

D 22 1373

II E, 10

Der M·A·N·100/110 PS-Dieselmotor

ist vor einigen Jahren als erster deutscher Sechszylinder dieser Größenklasse auf den Markt gekommen.

Erfahrung und Entwicklung.

Der Dieselmotorenbau ist im wesentlichen eine reine Erfahrungssache; nirgends sind soviel Erfahrungen zu finden, wie sie der M.A.N. seit der Entwicklung des ersten Dieselmotors der Welt im M.A.N.-Werk Augsburg vor nunmehr 40 Jahren zur Verfügung stehen.

Erst die Entwicklung des kompressorlosen Dieselmotors für Kraftfahrzeuge durch die M.A.N. bis zur Marktreife und dessen erstmalige Vorführung auf der Berliner Automobil-Ausstellung 1924 hat der Einführung des Fahrzeugdieselmotors die Wege geebnet; die Pionierarbeit der M.A.N. ist durch die Jahreszahlen der richtunggebenden Entwicklungsstufen gekennzeichnet:

1893	M.A.N.-Vertrag mit Rudolf Diesel	
1897	Erster Dieselmotor der Welt	M.A.N.
1924	Erster Diesellastwagen	M.A.N.
1930	Erster 100/110-PS-Sechszylinder-Diesellastwagen auf dem Markt	M.A.N.
1932	Erster Dieselmotor 140/150 PS für Dreiachser und Schienenomnibusse	M.A.N.
1933	Alle M.A.N.-Fahrzeuge mit Dieselmotoren, neue leichte Dieselschnellastwagen und Omnibusse . . .	M.A.N.

Das M.A.N.-Diesel-Verfahren.

Der Entwicklung und Bedeutung nach steht das **M.A.N.-Strahleinspritz-Verfahren an erster Stelle.** Wie die schematische Skizze Bild 2 (siehe auch Bild 3) zeigt, wird das Gasöl unmittelbar in den Verbrennungsraum eingespritzt. Die sich daraus ergebende Bauart ist an **Einfachheit** nicht zu übertreffen. Senkrecht über Zylindermitte ist die Einspritzdüse angeordnet. Unter einem Druck von 130-150 atm — nicht wie vielfach verbreitet wird 300-500 atm — wird das Gasöl in mehreren feinen Strahlen, die leicht nach abwärts geneigt sind, zerstäubt und gleichmäßig über den ganzen Kompressions-Raum verteilt. Dadurch wird eine **vorzügliche Wirbelung und Vermischung von Luft und Brennstoff** als Vorbedingung einer guten Verbrennung erzielt. **Einfacher** können die Einspritz- und Verbrennungsvorgänge nicht sein, aber auch nicht **wirtschaftlicher,** denn ein spezifischer Verbrauch von **nur 182 g/pro PS/Stde.,** wie ihn dieser Motor aufweist, steht unerreicht da. Diese Angaben sind keine sogenannten „Prospektwerte"; sie wurden im praktischen Betrieb ermittelt und sind eher zu hoch als zu niedrig. In einem 5-Tonner verbraucht der 100/110-PS-Dieselmotor etwa 20·22 kg Gasöl pro 100 km. Geht schon aus diesen Zahlen rein wirtschaftlich die **Überlegenheit des M.A.N.-Systems** hervor, so beweisen die niederen Verbrauchszahlen als Ergebnis einer vorzüglichen Brennstoff-

Bild 1. Ansaugseite.

22374

ausnützung gleichzeitig in **wärmetechnischer Beziehung** den hohen Grad der **Vollkommenheit der Bauart.** Die **Ausnützung** des Brennstoffes ist derartig **hoch,** daß nur sehr **wenig Wärme** an das Kühlwasser und an die Auspuffleitung abgegeben wird. Jeder M.A.N.-Dieselwagenbesitzer kann bestätigen, daß sein Motor **nicht heiß wird.** Bei **nachträglichen Einbauten** von M.A.N.-Motoren braucht deshalb auch **keine Änderung am Kühlersystem** vorgenommen werden. Gerade in diesem Punkt ergeben sich vielfach bei anderen Systemen erhebliche Schwierigkeiten, weil das Kühlsystem nicht ausreicht, um den Motor auf der normalen Betriebstemperatur zu halten. Zusammengefaßt ergeben sich folgende **Vorteile:**

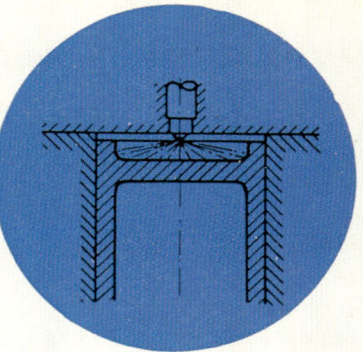

Bild 2. M.A.N.-Dieselverfahren. Prinzip-Skizze.

Wirtschaftliche:

1. Verwendung des billigen Gasöls.
2. Geringerer Gasölverbrauch als bei anderen Systemen.
3. Brennstoffkosten-Ersparnis insgesamt rund 85% gegenüber Benzin-Benzolbetrieb.
4. Geringer Verschleiß, hohe Lebensdauer, also wenig Reparaturen und keine höhere Abschreibung, als bei guten Vergaser-Motoren.
5. Größerer Fahrbereich bei gleichgroßen Gasöltanks.
6. Einfache Pflege, kein Vergaser, kein Magnet, keine Glühkerzen oder sonstige Hilfseinrichtungen zum Anlassen.
7. Keine Feuergefährlichkeit, Verminderung der Garagen- und Versicherungskosten.

Technische:

1. Einfachste Verbrennungsvorgänge, praktisch rauch- und geruchlose Verbrennung, Motor wird nicht heiß.
2. Unmittelbare Einspritzung in den Verbrennungsraum, deshalb
3. Keine hitzebelasteten Brenner usw., keine glühenden Teile.
4. Vorzügliches Anspringen auch bei niedrigen Temperaturen.
5. Großes Hubvolumen, niedrige Drehzahl, große Durchzugskraft, lange Lebensdauer.
6. Kurbelwelle, Pleuel, Kolben usw. überreichlich dimensioniert, hohe Kolben- und Pleuel-Leistungen.

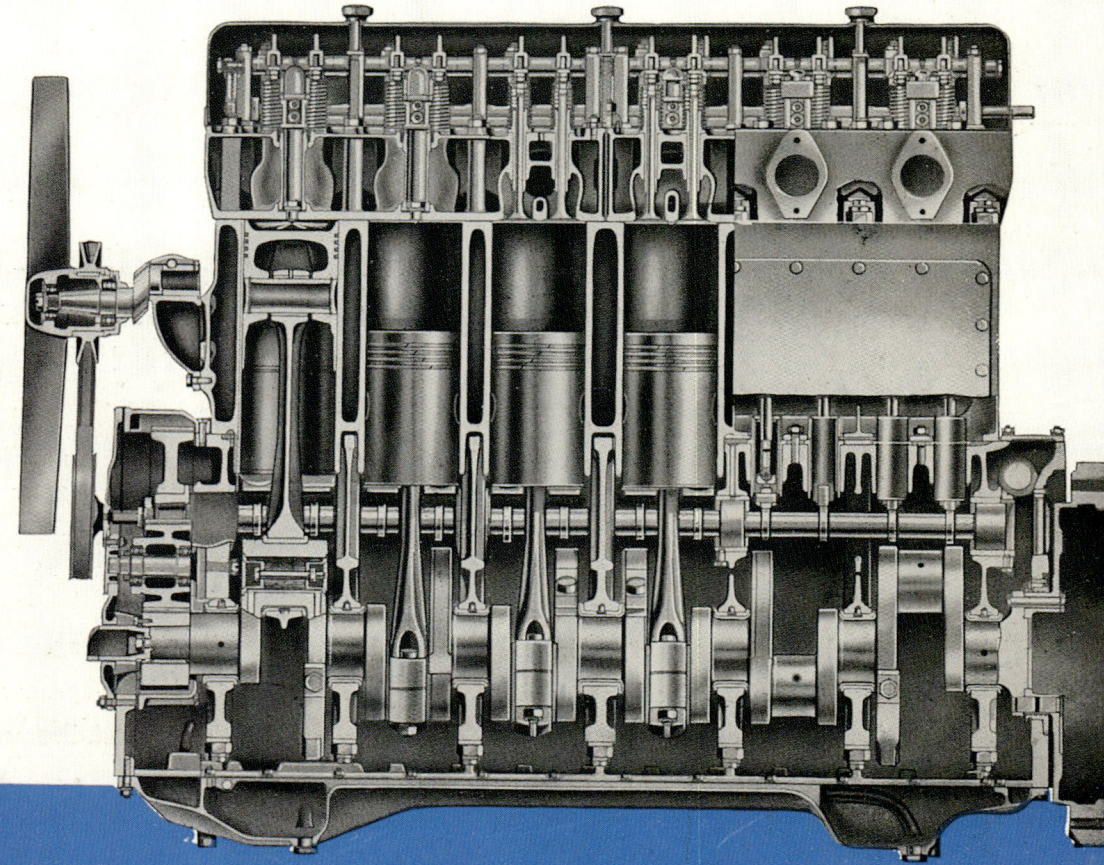

Bild 3. Längsschnitt.

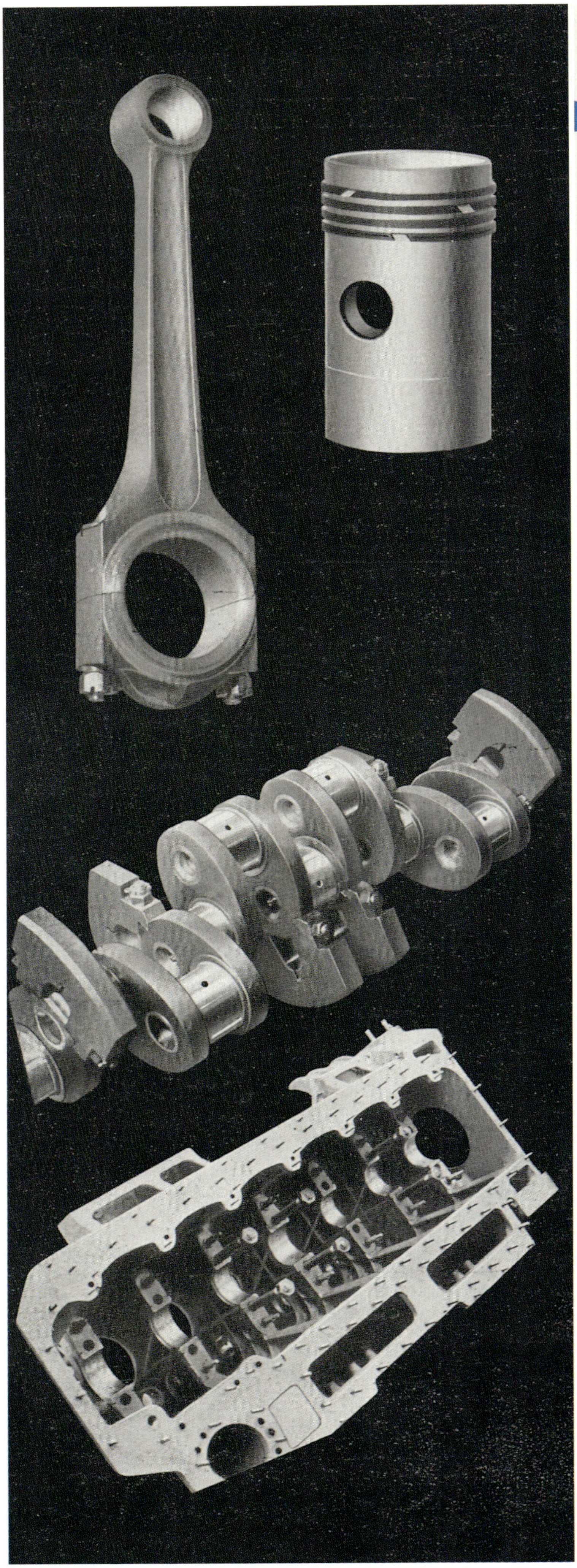

Kennzahlen

Motortyp	D 2086
Zylinder	6
Bohrung	120 mm
Hub	180 mm
Hubvolumen	12,2 Ltr.
Drehzahl	1400/min
Leistung	100/110 PS
Kolbengeschwindigkeit	8,4 m/sec
Drehmoment	60 mkg
Einspritzdruck	130-150 atm
Verdichtung	1:14
Verdichtungsdruck	28-30 atm
Höchstdruck	48-50 atm
mittl. Druck	5,5-6,0 atm
Brennstoffverbrauch etwa	182 gr/PS/Std.
Brennstoffverbrauch im 5-to-Lastwagen etwa	20-22 kg/100 km (23-25 Ltr.)
Ölverbrauch etwa	0,75 kg/100 km
Gewicht etwa	800 kg

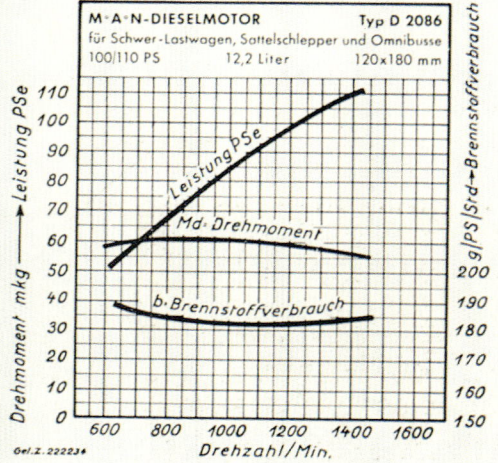

Bild 4. PS, Drehmoment, Brennstoffverbrauch.

Bild 5. Der Motor im 5-Tonner F1H6.
Alle Teile sind leicht zugänglich.

TECHNISCHE EINZELHEITEN

Zylinder: Die Zylinder sind in einem Block gegossen; ihre Verbrennungsräume sind allseitig bearbeitet. Zur Erleichterung des Abnehmens ist für je 3 Zylinder ein Zylinderkopf vorgesehen. Sowohl für den Block wie für die Zylinderköpfe wird ein besonders harter und zugleich zäher Grauguß verwendet.

Kolben: Langschäftige Leichtmetallkolben, 3 Kompressionsringe, 1 Ölabstreifring, Kolbenbolzen schwimmend und durch Seegersicherung seitlich gesichert. Niedrige Kolbengeschwindigkeiten.

Pleuelstangen: Aus hochwertigem Stahl, doppelt T-Profil, im Gesenk geschmiedet.

Kurbelwelle: Für die Kurbelwellen wird ein erstklassiger Kurbelwellen-Spezialstahl verwendet. Die Wellen werden sorgfältig statisch und dynamisch auf genau arbeitenden Spezialmaschinen ausgewuchtet. Sie sind mit Gegengewichten versehen und 7 fach gelagert; auf diese Weise wird ruhiger und vollkommen erschütterungsfreier Lauf erzielt. Die Lagerstellen sind nach einem besonderen Verfahren gehärtet, so daß die Lebensdauer der Wellen praktisch unbegrenzt ist.

Kurbelgehäuse: Das Kurbelgehäuse wurde hinsichtlich seiner Festigkeit besonders sorgfältig entworfen; es besteht aus hochwertigem Leichtmetall, das innen mit Rippen versehen ist. Zur weiteren Versteifung ist der Zylinderblock auf dem Kurbelgehäuse mit starken Zugankern befestigt.

Ventile: Aus hitzebeständigem Sil-Chromstahl und hängend in den Zylinderköpfen angeordnet. Betätigung durch Stoßstangen und Schwinghebel.

Steuerung: Die Steuerräder zum Antrieb der Nockenwelle haben Schraubenverzahnung; sie sind vollständig gekapselt und laufen unter Verwendung von geräuschdämpfendem Material vollkommen ruhig.
Die Nockenwelle ist sehr kräftig ausgeführt und 4 fach gelagert; Stößel und Ventile sind eingekapselt, aber trotzdem leicht zugänglich und einstellbar.

Schmierung: Zwangsläufige und durchaus zuverlässige Druckumlauf-Trockensumpfschmierung durch 3 Zahnradpumpen. Eine besondere Ölzuführung führt zu jedem Kurbelwellenlager und zum Steuerräderantrieb; die Pleuellager erhalten ihr Öl durch die hohlgebohrte Kurbelwelle; auch die Schwinghebel werden automatisch geschmiert. Gleichmäßiger Öldruck und geringer Ölverbrauch.

Einspritzpumpe und Düsen: Bosch-Einspritzpumpe und Bosch-Einspritzdüsen zentral im Zylinderkopf angeordnet.

Brennstoff-Förderung: Durch mechanische Pumpe.

Kühlung: Zur Kühlung dient ein Lamellenkühler mit Kühlerjalousie in Verbindung mit einer zuverlässigen Kreisel-Wasserpumpe und einem Thermostat. Ein Windflügel, der durch einen endlosen Gummikeilriemen angetrieben wird, unterstützt die Kühlung.

Regler: Überschreiten der Drehzahl des Motors verhindert ein zuverlässiger Regler. Ferner ein besonderer sich selbsttätig einschaltender Regler für den Leerlauf.

Anlasser: Bosch-Anlasser von 6 PS Leistung und 24 Volt Spannung; die Anlasseranlage ist kräftig genug, um auch im Winter einwandfreies und schnelles Anlassen des Motors zu ermöglichen. Keine Glühkerzen usw.

Lichtmaschinen: Bosch-Lichtmaschine von 300 Watt Leistung.

Auspuffrohr: Das Auspuffrohr ist zum Ausgleich der Wärmespannungen 3 fach geteilt.

Bosch-Dewandre-Bremse: Die Bosch-Dewandre-Saugluft-Bremse wird auch beim M.A.N.-Dieselmotor verwendet.

Anfragen an unsere Büros oder an Werk **Nürnberg.**

MASCHINENFABRIK AUGSBURG-NÜRNBERG A·G·

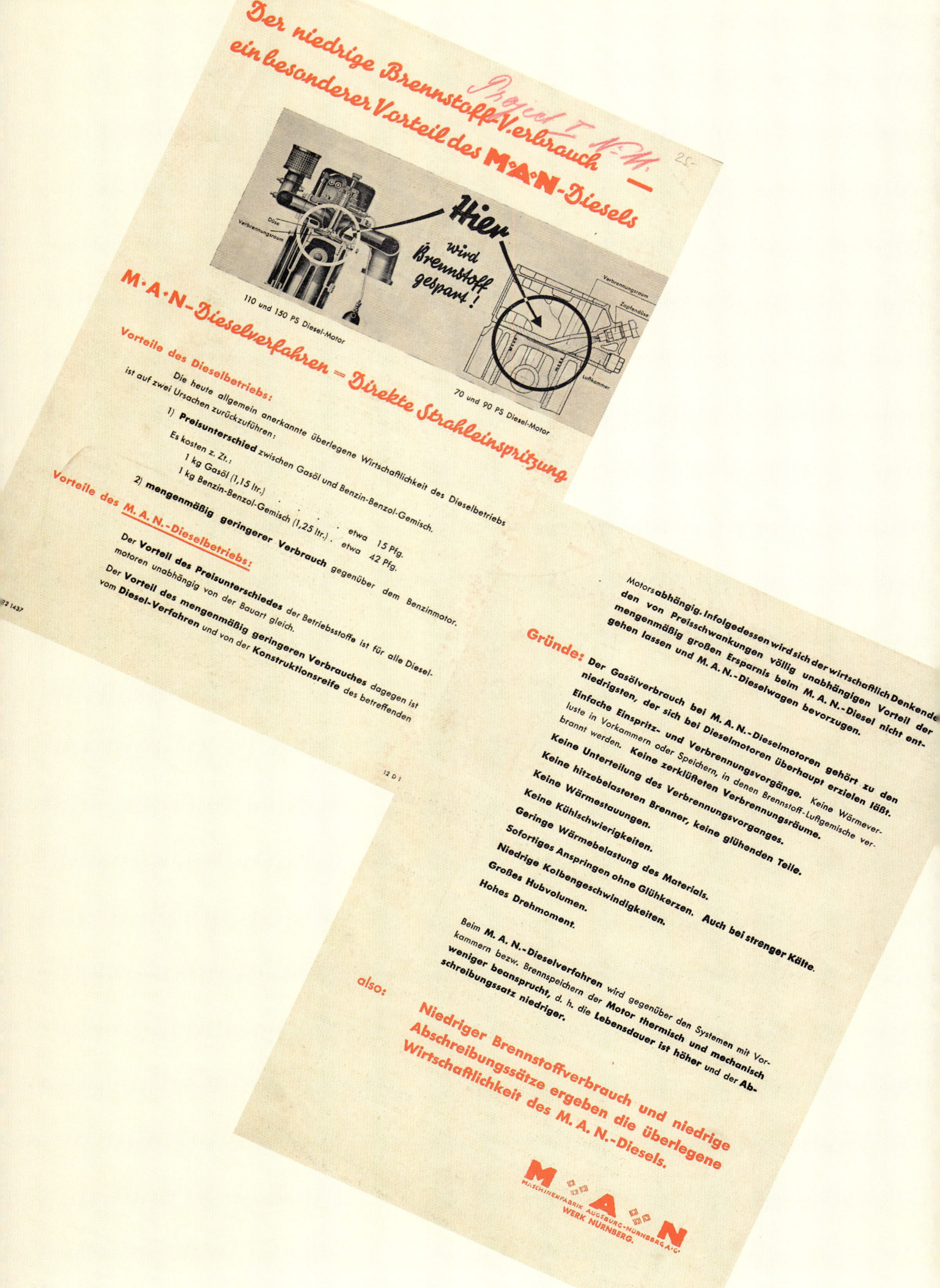

Der niedrige Brennstoff-Verbrauch ein besonderer Vorteil des M·A·N-Diesels

Düse
Verbrennungsraum
110 und 150 PS Diesel-Motor

Hier wird Brennstoff gespart!

Verbrennungsraum
Zapfendüse
Luftkammer
70 und 90 PS Diesel-Motor

M·A·N-Dieselverfahren = Direkte Strahleinspritzung

Vorteile des Dieselbetriebs:

Die heute allgemein anerkannte überlegene Wirtschaftlichkeit des Dieselbetriebs ist auf zwei Ursachen zurückzuführen:

1) **Preisunterschied** zwischen Gasöl und Benzin-Benzol-Gemisch.
Es kosten z. Zt.:
1 kg Gasöl (1,15 ltr.) . . . . etwa 15 Pfg.
1 kg Benzin-Benzol-Gemisch (1,25 ltr.) . etwa 42 Pfg.

2) **mengenmäßig geringerer Verbrauch** gegenüber dem Benzinmotor.

Vorteile des M·A·N-Dieselbetriebs:

Der **Vorteil des Preisunterschiedes** der Betriebsstoffe ist für alle Diesel-motoren unabhängig von der Bauart gleich.
Der **Vorteil des mengenmäßig geringeren Verbrauches** dagegen ist vom **Diesel-Verfahren** und von der **Konstruktionsreife** des betreffenden Motors abhängig. Infolgedessen wird sich der wirtschaftlich Denkende den von Preisschwankungen völlig unabhängigen Vorteil der mengenmäßig großen Ersparnis beim M.A.N.-Diesel nicht entgehen lassen und M.A.N.-Dieselwagen bevorzugen.

Gründe: Der Gasölverbrauch bei M.A.N.-Dieselmotoren gehört zu den niedrigsten, der sich bei Dieselmotoren überhaupt erzielen läßt.
Einfache Einspritz- und Verbrennungsvorgänge. Keine Wärmever-luste in Vorkammern oder Speichern, in denen Brennstoff-Luftgemische ver-brannt werden. Keine zerklüfteten Verbrennungsräume.
Keine Unterteilung des Verbrennungsvorganges.
Keine hitzebelasteten Brenner, keine glühenden Teile.
Keine Wärmestauungen.
Keine Kühlschwierigkeiten.
Geringe Wärmebelastung des Materials.
Sofortiges Anspringen ohne Glühkerzen. Auch bei strenger Kälte.
Niedrige Kolbengeschwindigkeiten.
Großes Hubvolumen.
Hohes Drehmoment.

Beim M. A. N.-Dieselverfahren wird gegenüber den Systemen mit Vor-kammern bezw. Brennspeichern der **Motor** thermisch und mechanisch **weniger beansprucht,** d. h. die **Lebensdauer** ist höher und der **Ab-schreibungssatz** niedriger.

also:

Niedriger Brennstoffverbrauch und niedrige Abschreibungssätze ergeben die überlegene Wirtschaftlichkeit des M. A. N.-Diesels.

M·A·N
MASCHINENFABRIK AUGSBURG-NÜRNBERG A·G·
WERK NÜRNBERG.

372 1437

12 D 1

Z 1 — Gross-Serienfabrikation

Anläßlich der diesjährigen Automobil-Ausstellung in Berlin schrieben wir: „Mit dem leichten M. A. N. - Diesel - Schnellastwagen Z 1 beginnt eine neue Entwicklung des Dieselfahrzeugs für den Kraftverkehr".

Heute schon wird unser damaliger Standpunkt durch die Beurteilung, die der Wagen in allen Kreisen gefunden hat, vollkommen bestätigt. **„Z1" weist nicht nur viele Verbesserungen auf, die bei anderen Dieselfahrzeugen noch nicht zu finden sind, sondern auch konstruktive Einzelheiten, die den bisher üblichen Bauweisen weit vorauseilen.** Es sei hier nur an den **Luftkammer-Dieselmotor**, den **elektrisch geschweißten Rahmen usw.** erinnert, durch deren Anwendung, sowohl in rein technischer wie in wirtschaftlicher Hinsicht ganz erhebliche Vorteile erzielt werden konnten.

Wie sehr die von uns gewählten Abmessungen — 70 PS 6-Zylinder-Dieselmotor, 3 t Nutzlast oder 27 Personen — den Bedürfnissen weiter Käuferschichten entsprechen, geht daraus hervor, daß uns Bestellungen schon vor dem Erscheinen des neuen Wagens in großer Zahl zugingen.

Die wichtigsten Maße sind folgende:

Motor:

Zylinderzahl	6
Drehzahl	1800/min.
Hubvolumen	6,7 ltr.
Leistung	70 PS

Fahrgestell:

Radstand	4500 mm
Bruttotragfähigkeit (Aufbau+Nutzlast)	3700 kg
Gewicht des betriebsfertigen Fahrgestells . etwa	2600 kg
Bereifung	32×6" oder 7,25—20: (für 2½ t Nutzlast: 7,00 Transport-20)
Höchstgeschwindigkeit je nach Hinterachsuntersetzung	60 und 75 km

Fahrfertiger Wagen:

Außenlänge der Ladefläche	3800—4000 mm
Außenbreite der Ladefläche	2000 mm
Gesamtlänge des Wagens . . . . . . etwa	6590 mm
Gesamtbreite „ „	2070 mm
Gesamthöhe des Wagens (bis Oberkante Führerhaus im belasteten Zustand)	2045 mm
Gewicht des fahrfertigen Wagens mit normaler Brücke ohne Sonderausrüstung . . . . etwa	3300 kg
Nutzlast	3000 kg oder 27 Personen

Inzwischen wurde die Serienfabrikation in großem Umfang aufgenommen. Bei Erscheinen dieses Heftes (Ende Juni 1933) laufen bereits eine stattliche Anzahl Z 1-Wagen in allen Gegenden Deutschlands. Auch die ersten Auslandsaufträge, darunter auch solche nach Uebersee konnten bereits erledigt werden.

Unsere Bilderfolge zeigt Ausschnitte aus der Fabrikation, ferner vorteilhafte Einzelheiten usw.

Der Motor

Die neuen M. A. N.-Luftkammer-Dieselmotoren, — 70, bezw. 80/90 PS — die ebenso wie das Fahrgestell erst nach 2 jähriger Versuchsarbeit freigegeben worden sind, haben sich hervorragend bewährt. Es steht schon heute fest, daß mit diesen Motoren ein gewisser Abschluß in der Entwicklung des Dieselmotors für leichte Fahrzeuge erzielt worden ist.

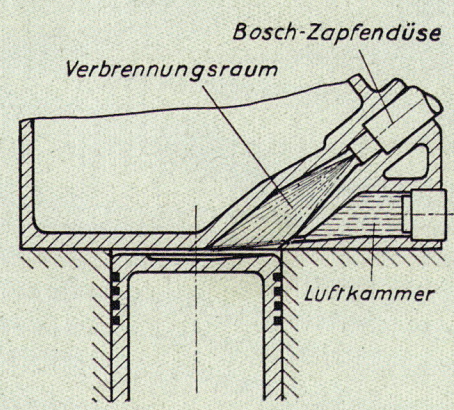

Bild 1.

Das Prinzip der M. A. N.-Strahleinspritzung mit Luftkammer

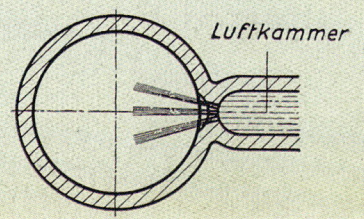

Interessante Aufnahme eines Zylinderkopfes von unten

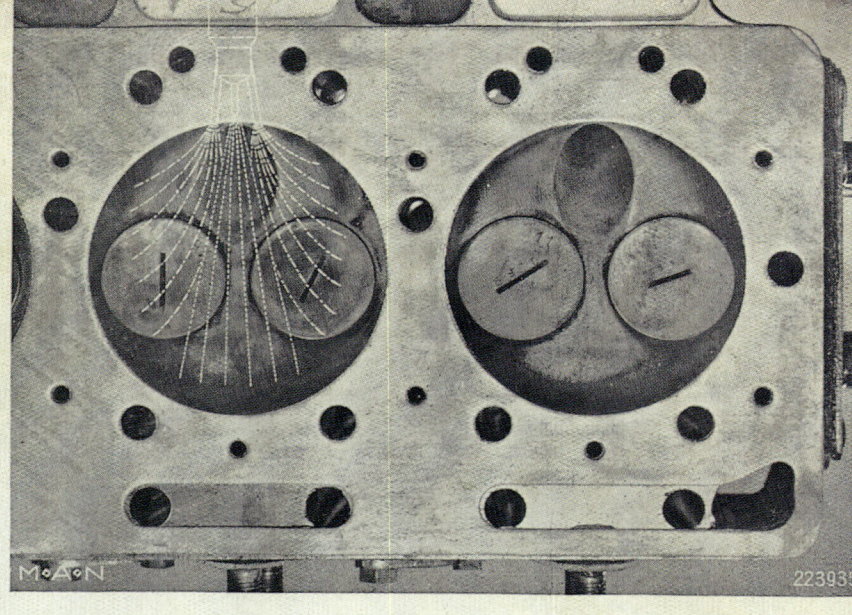

Bild 2.

Man sieht, wie mit Hilfe der Luftkammer ein außerordentlich gleichmäßiger und über die ganze Kolbenfläche verteilter Strahlungskegel gebildet wird. Links im Bilde der Verlauf der Luftstrahlen: – – – – mittlere Bohrung, –.–.–.– die beiden äußeren Bohrungen. Die Aufnahme wurde nach rd. 30000 km Laufzeit gemacht: weder am Zylinderkopf noch auf den Kolbenböden waren Rückstände festzustellen, ein Beweis, wie gründlich die Durchwirbelung und wie vollkommen die Verbrennung vor sich geht.

Elektrisch geschweißter Rahmen

Der elektrisch geschweißte, völlig nietlose Rahmen

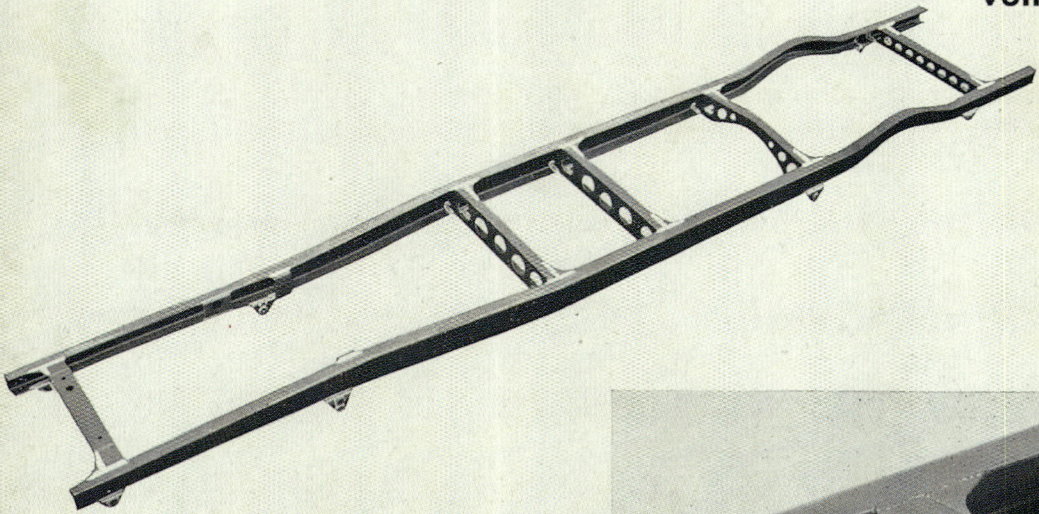

Bild 3.

Kein Lockerwerden der Nieten mehr. Zur besseren Kennzeichnung sind die Schweißnähte hell gestrichen.

Einige geschweißte Rahmenecken

Bild 4.

Selbstverständlich sind auch die Federböcke, die in genieteter Ausführung bei Schnellastwagen oft zu Klagen Anlaß geben, elektrisch geschweißt.

3

Aus der Fabrikation

Blick in die Fließmontagehalle.

Bild 5.

Die Groß-Serienfabrikation hat begonnen

Bild 6.

Fabrikationsband in der Kurbel-Gehäuse-Gruppe,

das eine Koppelung aller notwendigen Arbeits-vorgänge ermöglicht.

4

Zylinderschleifen

Bild 7.

Einwandfreies Laufen des Motors erfordert denkbar genauen und sauberen Schliff der Zylinderlaufbahnen. Nur mit modernen gepflegten Maschinen zu erzielen.

Auswuchten der Kurbelwellen

Bild 8.

Ohne statisches und dynamisches Auswuchten kein erschütterungsfreier Lauf des Motors! Ein teurer, aber bei M. A. N.-Motoren grundsätzlich durchgeführter Arbeitsgang. Erstklassige Auswuchtmaschinen sind dazu erforderlich.

Fließstrecke für Motoren

Bild 9.

Die sauber gereinigten Gehäuse werden auf Böcke gesetzt, wandern nach sorgfältiger Lagerung der Kurbelwelle von Stand zu Stand um vom letzten bremsfertig auf die Prüfstände abgeliefert zu werden.

5

Schaltwand - Montage

Bild 10.

Systemvolles, sorgfältiges Montieren der Schaltwand erspart lästige Störungen, die oft nur durch Geringfügigkeiten verursacht, hier auftreten können.

Zusammenbau der Lenkstöcke

Bild 11.

Auf einwandfreie Lagerung und genaues Tragen in den Zahnflanken wird größter Wert gelegt. Beste Werkmannsarbeit ist die Voraussetzung des richtigen Zusammenbaues der für die Fahrsicherheit so wichtigen Lenkung.

6

Zusammenbau von Kupplung und Getriebe

Bild 12.

Zusammenbau der Hinterachsen mit getrenntem Triebwerk

Bild 13.

Genaues Justieren der kämmenden Räder bedingt den geräuschlosen Lauf unserer Achsen. Sorgfältiges Einstellen der Bremsen sichert die hervorragende Bremswirkung.

7

Beim Einfahren

Bild 14.

Nachdem die Motoren auf den Brems- und Prüf-
ständen schon einer längeren Einlaufzeit unter-
zogen und die zusammengebauten Fahrgestelle

nochmals einer Gesamtkontrolle unterworfen
wurden, folgt das Einfahren. Das wechselnde
Gelände der Oberpfalz ist dazu wie geschaffen.
Brennstoff- und Oelverbrauch werden beim Einfahren nochmals einreguliert und die Bremsen
überprüft.

Bild 15.

Der Motor im Fahrgestell,

von allen Seiten
leicht zugänglich.

8

Bild 16.

Weiche Federung

durch lange und breite Blattfedern (ölgehärteter Mangan-Silicium-Stahl). Leicht nachstellbare Bremsen ohne Abnahme der Radnaben.

Der fertige Wagen

Bild 17.

Niedrige Bauart — tiefe Schwerpunkts-lage — hervorragende Fahreigen-schaften

Vergleichen Sie bitte die Maße: Trittbrett, Einstieg, Sitz- und Wagenhöhe — mit anderen Fahrzeugen!

Bild 18.

Bequemes und ge-räumiges 3-Perso-nen-Führerhaus

Elegante Ausstattung, durch-gehende Windschutzscheibe, gute Sicht auf die Fahrbahn.

9

Praktische und vorbildliche Anordnung der Batterie,

unter dem Führersitz neben dem Gasöltank. Leichte Zugänglichkeit, Schutz vor Nässe, Staub und Erschütterungen.

Fahrgestell mit Führersitz,

Bild 20.

wird in dieser Ausführung an solche Firmen geliefert, die sich, um die Lieferzeit abzukürzen, selbst einen Spezialaufbau machen lassen. Auch diese aufbaufertigen Fahrgestelle haben das Werk bereits in großer Zahl verlassen.

10

Das Gesicht des Z 1
Formschöner Kühler

Bild 21.

Die niedrige Bauart ermöglichte dem Konstrukteur die alle M. A. N.-Fahrzeuge auszeichnende, ansprechende Linienführung beim Z 1 besonders elegant zu gestalten.

Große geräumige Ladefläche

Bild 22.

Solider Aufbau, an den Kanten mit U-Schienen gegen vorzeitige Beschädigung geschützt (der Wagen der Firma **Gäbelein, Transport-Betrieb, Ramsenthal**).

Fertig zur Abnahme

Bild 23.

Der Wagen der Firma **Carl Mixdorf, Nahrungsmittel, Cottbus.**

11

223986

Bild 24.

Bier- und Eistransport-
wagen des
**Bürger- u. Engelbräu
Memmingen.**

223988

Bild 25.

Zum **Transport von
Baumaterialien** aller
Art dient der Wagen der
Firma **Carl Brückmann,**
Halver i. W.

224016

Bild 26.

„Z 1" ist der gegebene
Diesel - 3 - Tonner für
Molkereibetriebe. Er ist
schnell, zuverlässig und
betriebsbillig. (Der „Z 1"
der **Gyllbacher Mol-
kerei Niederaussem**).

12

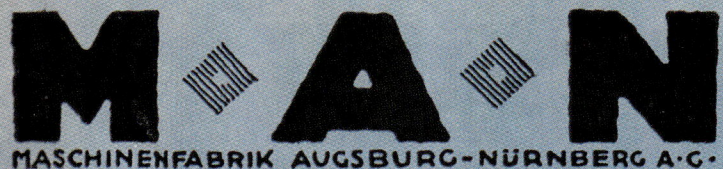

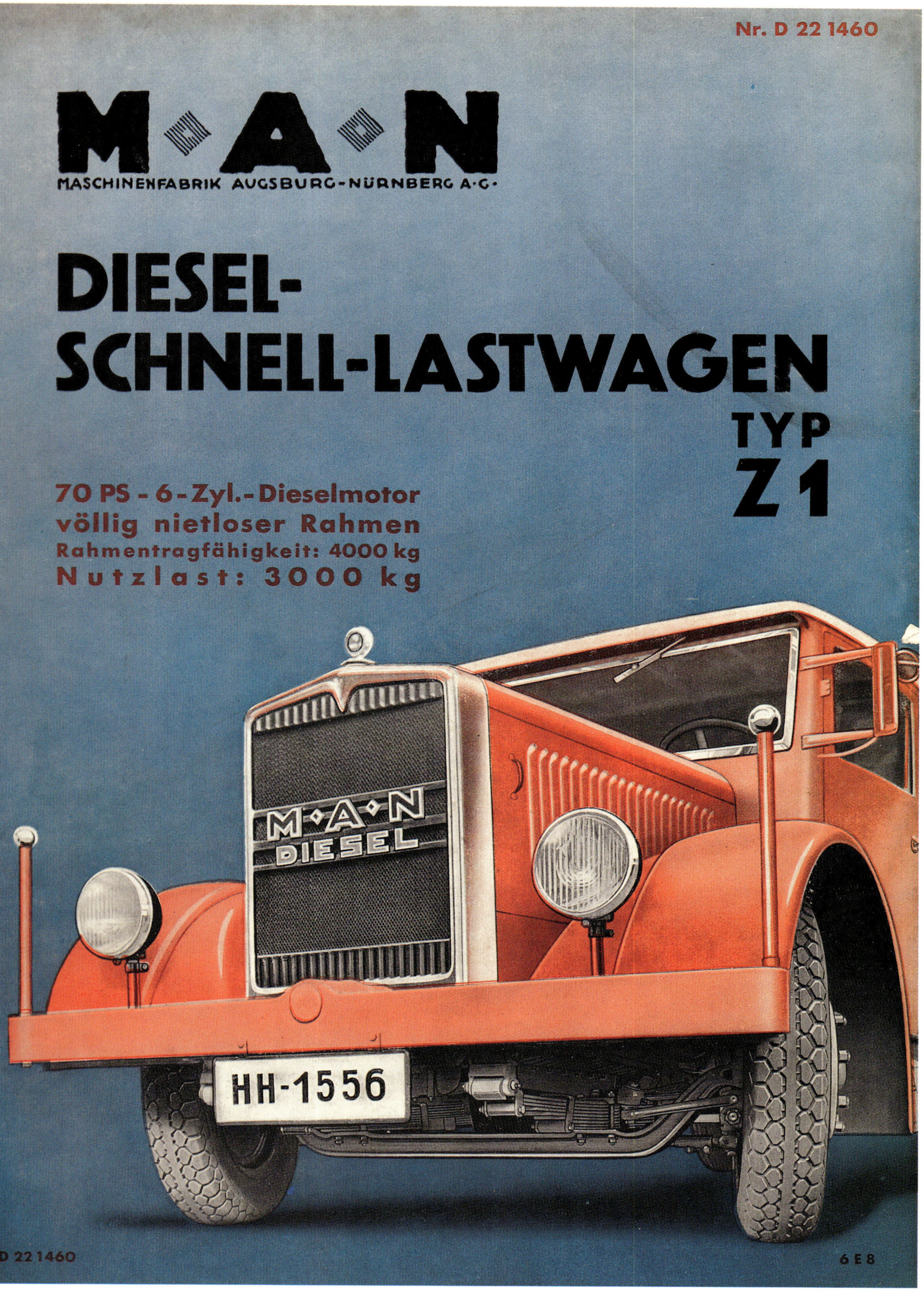
Nr. D 22 1460
M·A·N
MASCHINENFABRIK AUGSBURG-NÜRNBERG A·G·
DIESEL-
SCHNELL-LASTWAGEN
TYP
Z 1
70 PS - 6 - Zyl. - Dieselmotor
völlig nietloser Rahmen
Rahmentragfähigkeit: 4000 kg
Nutzlast: 3000 kg
M·A·N
DIESEL
HH-1556
D 22 1460
6 E 8

„TYP Z 1"

ist ein Diesel-Schnellastwagen für 3 t Nutzlast, dessen Konstruktion und hohe Leistungen in der Fachwelt Aufsehen erregt haben. Der Wagen hat sich nicht nur im Inland schnell eingeführt und durchgesetzt, auch im nahen und fernen Ausland gilt dieser betriebsbillige 3-Tonner als vorbildliches Erzeugnis deutscher Wertarbeit.

Bei der Entwicklung des „Z 1" wurden **rund 20 jährige Erfahrungen im Nutzwagenbau und 40 jährige Erfahrungen im Bau von Dieselmotoren — der erste Dieselmotor der Welt entstand Ende des vorigen Jahrhunderts im M.A.N.-Werk Augsburg —** verwertet. Das Ergebnis ist ein dem derzeitigen Stand der Technik vorauseilendes Fahrzeug mit unempfindlichem sparsamen **70 PS-6-Zylinder-Dieselmotor** und Fahreigenschaften, die denen eines guten Personenwagens nicht nachstehen. Eine besondere Note erhält der Wagen durch die **Anwendung der Schweißtechnik beim Rahmenbau; Längs- und Querträger, Federböcke usw. sind elektrisch verschweißt;** es ist gelungen, den **Rahmen bei wesentlich erhöhter Festigkeit völlig nietlos** herzustellen. — Der 6-Zylinder-Dieselmotor ist durch seinen niedrigen, im M.A.N.-Dieselverfahren begründeten Brennstoffverbrauch gekennzeichnet. Interessante Einzelheiten über den einfachen konstruktiven Aufbau des Motors und das Verbrennungsverfahren sind in einer Sonderdrucksache enthalten. Wesentliche Vorteile bietet die umfassende M.A.N.-Verkaufsorganisation mit **eigenen Verkaufsbüros und Reparatur-Werkstätten,** die eine persönliche Bedienung jedes Kunden ermöglichen, sowie der **seit Jahren eingerichtete und bewährte M.A.N.-Revisionsdienst.**

Zusammengefaßt ergeben sich folgende Vorzüge:

1. Robuster unempfindlicher 70 PS-6-Zylinder-Dieselmotor. Hohes Drehmoment. Große Kraftreserve. Geringer im M.A.N.-Dieselverfahren begründeter Gasölverbrauch. Leichtes Anlassen ohne jede Hilfseinrichtung.
2. Einfache übersichtliche Konstruktion des Fahrgestells. Geringe Bauhöhe.
3. Niedriges Eigengewicht.
4. Rahmen-Längs- und Querträger, Federböcke usw. elektrisch verschweißt. Erhöhte Festigkeit.
5. Völlig nietloser Rahmen.
6. Leichte ungeteilte Hinterachse, Tragachse und Triebwerk getrennt beansprucht.
7. Geringes Gewicht der unabgefederten Massen; tiefe Schwerpunktlage, hervorragende Fahreigenschaften.
8. Niedriger Reifenverbrauch.
9. Leichte Wartung und Pflege.
10. Alle Einzelteile reichlich bemessen. Großer Laderaum. Lange Lebensdauer. Niedrige Abschreibung. Kleines Reparaturkonto.

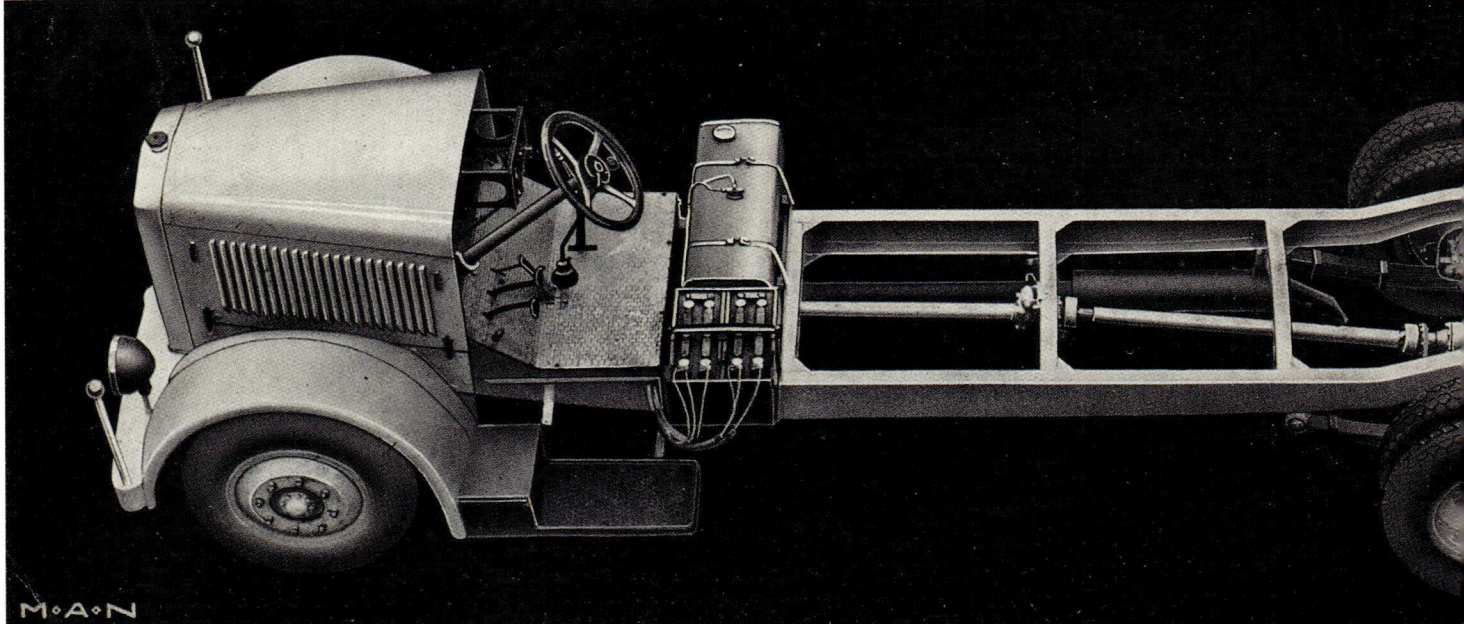

EINZELHEITEN DER „Z 1"- BAUART:

Rahmen: Fischbauchprofil. Längs- und Querträger aus hochwertigem Stahlblech gepreßt. Über der Hinterachse gekröpft. Elektrisch verschweißt. Völlig nietlos. Erhöhte Festigkeit.

Kupplung: Unempfindliche Dreischeiben - Trocken - Kupplung mit federnder Kupplungsbremse. Leichtes und geräuschloses Schalten.

Getriebe: Am Motor angeflanschtes ZF-Viergang-Getriebe.

Gelenkwellen: Kraftübertragung durch zentral gelagerte und gut ausgewuchtete Rohrwellen mit ölgeschmierten Gelenken.

Hinterachse: Die M.A.N.-Hinterachse unterscheidet sich von anderen Bauarten durch die Trennung des Triebwerks von der Tragachse, die aus einem Stück aus Chrom - Nickel - Stahl im Gesenk geschmiedet ist. Die Antriebskraft wird von der Gelenkwelle über das Hinterachsgetriebe (Kegelräder mit Bogenverzahnung) mittels Seitenwellen und Stirnradnabenantrieb auf die Räder übertragen. Das Gesamttriebwerk ist staub- und wasserdicht gekapselt und leicht zugänglich. Durch diese Bauart wird eine Verringerung der unabgefederten Massen und somit niedriger Reifenverbrauch erzielt.

Vorderachse, Lenkung: Kräftige Faustachse. Großer Einschlagwinkel der Räder. Spielend leichte Lenkung und hervorragende Wendigkeit.

Federung: Weiche Federung durch lange und breite Blattfedern aus ölgehärtetem Mangan-Silizium-Stahl. Hinterfeder zur Aufnahme der Schub- und Bremskräfte vorne, Vorderfeder zur Aufnahme der Bremskräfte hinten fest am Rahmen aufgehängt.

Räder: Leicht abnehmbare Stahlblech-Scheibenräder mit 20" Felge.

Bremsen: Das Fahrzeug ist mit 2 zuverlässigen und elastisch wirkenden Bremsen ausgerüstet.

1. Fußbremse als Vierrad - Öldruckbremse, Ate-Lockheed. Die Bremsen sind bequem nachzustellen; ohne Abnahme der Radnaben kann der Belag leicht ausgewechselt werden.
2. Handbremse. Diese wirkt auf das Getriebe und dient als Feststellbremse.

224337

ALLGEMEINE AUSRÜSTUNG DES BETRIEBSFERTIGEN WAGENS:

Geschlossenes, geräumiges Drei - Personen - Führerhaus. Sitzkissen und Rückenlehne mit echter Lederpolsterung. Kurbelfenster. Leicht ausstellbare Windschutzscheibe. Vollständige elektrische Licht- und Anlasseranlage mit 2 Batterien von je 90 Amp. - Stunden. Elektrisches Signalhorn. Winker mit Blendschutz. Elektrischer Scheibenwischer. 2 große Scheinwerfer mit Abblendvorrichtung und Standlichtern. Schlußlampe mit Stop - Licht. Handlampe. Armaturentafel-Beleuchtung. Tachometer mit Kilometerzähler. Rückblickspiegel. Verchromter Kühler. Kühlwasserthermometer. Kühlwassertemperaturregler. Vordere Stoßstange mit Begrenzungsstäben und reichhaltiges Werkzeug.

An der Armaturentafel befinden sich: der Hebel für Einspritzzeitverstellung, Knopf zum Abstellen des Motors, ferner ein Öldruckmesser und der Schaltkasten für die elektrischen Apparate. Auf dem Lenkrad sind sehr bequem zugänglich angebracht: der Umschalter für Abblendung, der Schalter für den Winker und der Signalknopf zum Boschhorn.

Anfragen erbeten an unsere Büros oder an Werk Nürnberg.

FAHRGESTELL-MASSE:
Tabelle 1, Maße in mm

A	B	C	D	E Brückenlänge	F Fahrg.-Länge	G	R Radstand	U Überhang	Schwerpunkts-Abstand
5330	3900	2650	1430	4000	6590	4050	4500	1400	500—400
5530			1630	4200	6590	4050		1400	
—	2900	1650		Sattelschl.	4990	2450	3500	800	400—500
—	4400	3150	—		7140	4600	5000*)	1450	500—550

Zulässiges Gesamtgewicht: 6600 kg	Zulässiger Vorderachsdruck: 2200 kg Zulässiger Hinterachsdruck: 4400 kg	*) nur für Omnibusse

Tabelle 2, Maße in mm

Felgen	Bereifung	Bodenspur vorne „a"	Mittelspur hinten „b"	Breite über Hint. Reif. „c"	Rahmenoberkante bis Unterkante Kotflügel „d"	Fußboden bis Rahmen-Oberkante belastet „e"
6"—20	7,25—20	1619	1562	1992	400	575
6"—20	7,50—20	1619	1562	2007	400	585
6"—20	190—20	1619	1562	2011	400	580
6"—20	210—20	1619	1562	2029	430	595

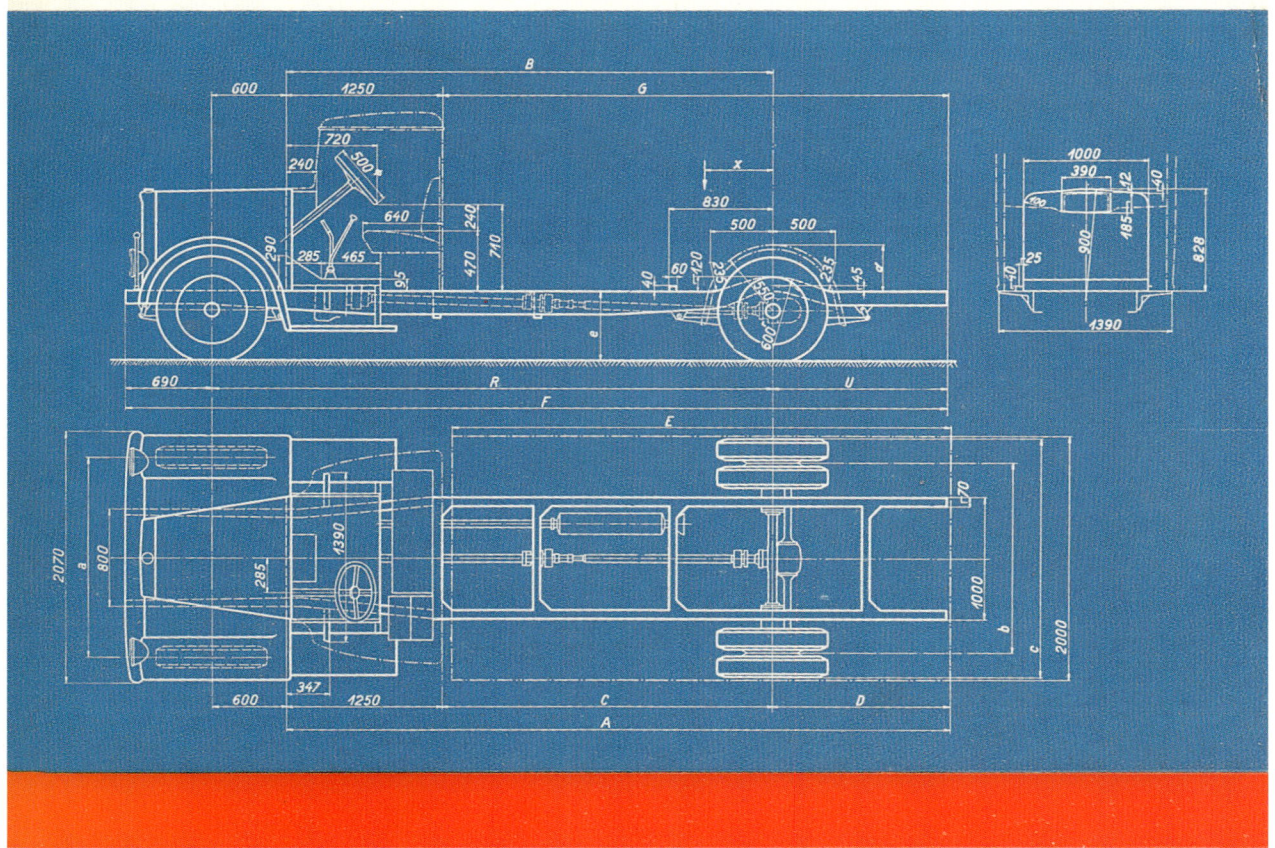

MASSE • LEISTUNGEN • GEWICHTE

Motor:
Typ . . . . D 0530
Zylinderzahl 6
Bohrung . . . . 105 mm
Hub . . . . 130 mm
Drehzahl . . . . 1800/min.
Hubvolumen . . . . . . 6,7 ltr.
Leistung . . . . 70 PS
Drehmoment . . . . . . 30 mkg

Fahrgestell:
Radstand . . . . 4500 mm*)
Bruttotragfähigkeit (Aufbau + Nutzlast) . . . . . . 4000 kg
Spurweite vorn und hinten . . 1619 u. 1562 mm
Gewicht des betriebsfertigen Fahrgestells . . . . . . etwa 2600 kg
Bereifung [1] (normal) . . . 7,25—20
Höchstgeschwindigkeit je nach Hinterachsuntersetzung . . . 45/55/65 km

Lenkradius am äußeren Vorderrad . . . . 6,95 m
Lenkradius am inneren Hinterrad . . . . 3,70 m

Fahrfertiger Wagen: [2]
Außenlänge der Ladefläche . 4000 bis 4200 mm
Außenbreite der Ladefläche . 2000 mm
Höhe der Bordwände . . . 400 mm
Gesamtlänge des Wagens . . etwa 6660 mm
Gesamtbreite „ „ 2070 mm
Gesamthöhe des Wagens (bis Oberkante Führerhaus im belasteten Zustand . . . 2045 mm
Gewicht des fahrfertigen Wagens mit normaler Brücke ohne Sonderausrüstung . . . etwa 3300 kg
Nutzlast . . . . 3000 kg
Zulässiges Gesamtgewicht des Fahrzeuges . . . . . 6600 kg

[1] Weitere Reifengrößen s. Tabelle 2   [2] Weitere Maße s. Tabelle 1   *) Für Sattelschlepper 3500 mm; für Omnibusse 5000 mm

Der 70 PS-6-Zylinder-Dieselmotor im „Z1"-Fahrgestell. Alle Teile sind leicht zugänglich. Näh. Einzelheiten siehe Sonderdrucksache.

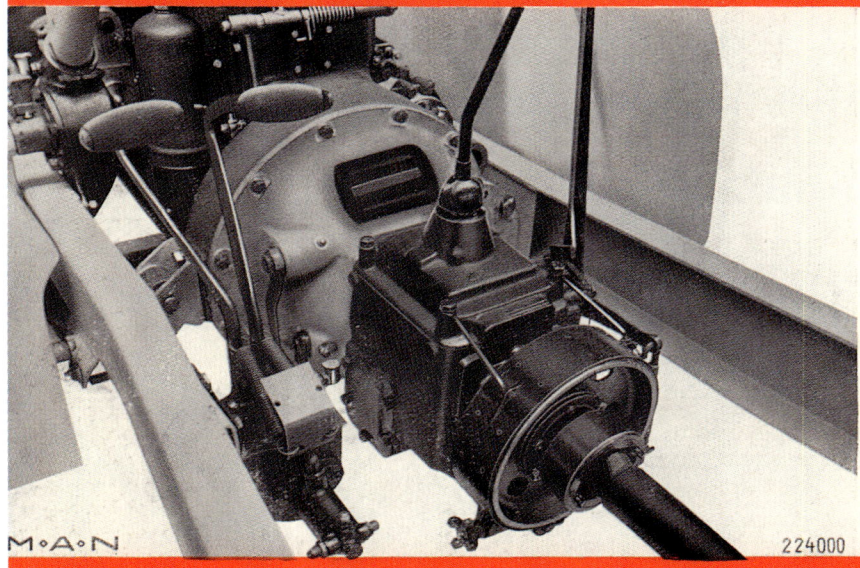

Das Getriebe ist unmittelbar am Motor angeflanscht. Fußhebelwerk, Kupplung, Getriebe, Hand- und Fußbremse sind gut zugänglich.

Das Bild zeigt anschaulich den Unterschied der M.A.N.-Hinterachse gegenüber anderen Bauarten. Tragachse und Triebwerk sind getrennt. Leichte Ausbaumöglichkeit des Differentials mit Hinterradantrieb.

Nr. 221512

M·A·N

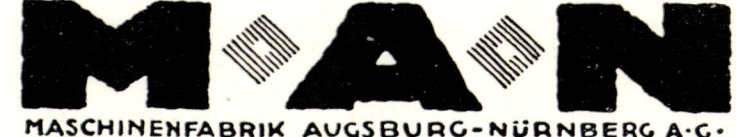

MASCHINENFABRIK AUGSBURG-NÜRNBERG A.G.

Schnell-Lastwagen

Typ D 1

90 PS-6-Zyl.-Dieselmotor
Rahmentragfähigkeit: 5000 kg
Nutzlast: 4000 kg

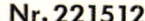

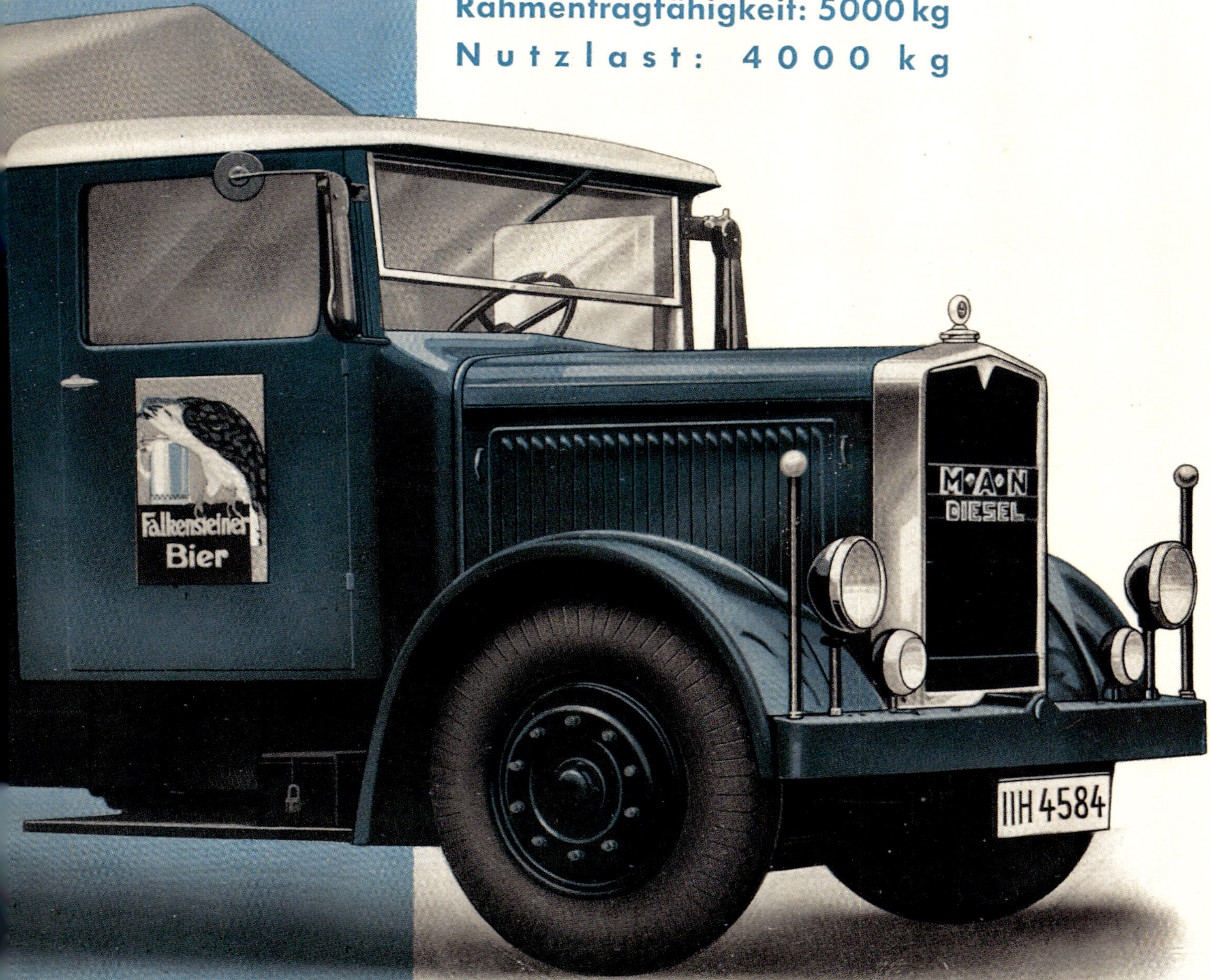

D 221512

2F8

Der M·A·N-Viertonner

– Typenbezeichnung D1 – ist ein bewährter und beliebter Schnell-Lastwagen, der dank seiner hohen Leistungen, Fahreigenschaften und vielseitigen Verwendbarkeit überall da, wo es auf harten Dauerbetrieb ankommt, bevorzugt wird.

Typ D1 ist betriebsbillig; dafür bürgt: die auf lange Lebensdauer berechnete konstruktive Durchbildung aller Einzelteile nach dem neuesten Stand der Technik; der unempfindliche und sparsame 90 pferdige 6 Zyl.-Dieselmotor **eigener** Bauart, dessen niedriger Brennstoffverbrauch und ungewöhnlich hohen Kolben- und Pleuelleistungen im M.A.N.-Dieselverfahren begründet sind und schließlich die hohe Wagengeschwindigkeit trotz großer Nutzlast.

(Näheres über den Motor und das M.A.N.-Dieselverfahren in einer Sonderdrucksache).

Außergewöhnliche **Vorteile für den M.A.N.-Kunden** bietet die umfassende **M.A.N.-Verkaufsorganisation mit eigenen Verkaufsbüros, eigenen Reparaturwerkstätten** und der seit Jahren eingerichtete und **bewährte Revisionsdienst.** Wer am M.A.N.-Revisionsdienst teilnimmt, hat die Gewähr, daß sein Wagen regelmäßig durch tüchtige Revisionsmeister durchgesehen wird; etwaige Mängel werden rechtzeitig behoben und größere Schäden und hohe Reparaturkosten vermieden.

EINZELHEITEN DER D1-BAUART:

Rahmen:
Sehr widerstandsfähig, Fischbauch-Profil; aus hochwertigem Stahlblech gepreßt und über der Hinterachse nach oben gekröpft.

Kupplung:
4-Scheiben-Trocken-Kupplung mit federnder Kupplungsbremse. Leichtes und geräuschloses Schalten.

Getriebe:
Normale Ausrüstung mit direkt am Motor angeflanschtem 4-Gang-Getriebe. Auf Wunsch wird gegen Mehrpreis ein 5-gängiges Faks-Getriebe mit **5 gräuschlosen** Gängen und Synchronisierung im 4. und 5. Gang geliefert.

Gelenkwellen:
Kraftübertragung durch zentral gelagerte und gut ausgewuchtete Rohrwellen mit ölgeschmierten Kreuzgelenken.

Vorderachse – Lenkung:
Kräftige Faustachse. Großer Einschlag der Vorderräder. Spielend leichte Lenkung und hervorragende Wendigkeit.

Hinterachse:
Die M.A.N.-Hinterachse unterscheidet sich von bekannten Bauarten durch die Trennung des Triebwerks von der eigentlichen Tragachse, die aus einem Stück aus Chromnickelstahl im Gesenk geschmiedet ist. Die Antriebskraft wird von der Gelenkwelle über das Hinterachsgetriebe (Kegelräder mit Bogenverzahnung) mittels der beiden Seitenwellen durch Stirnradnabenantriebe auf die Räder weitergeleitet. Das gesamte Triebwerk ist staub- und wasserdicht gekapselt und bequem zugänglich. Mit dieser Bauart wird eine Verringerung der unabgefederten Massen sowie niedriger Reifenverbrauch erreicht.

Federung:
Weiche Federung durch lange und breite Blattfedern. Hinterfeder aus Chrom-Vanadium-Stahl, am vorderen Ende zur Aufnahme der Schub- und Bremskräfte fest am Rahmen aufgehängt, Vorderfedern aus Mangan-Silicium-Stahl, zur Aufnahme der Bremskräfte hinten fest aufgehängt.

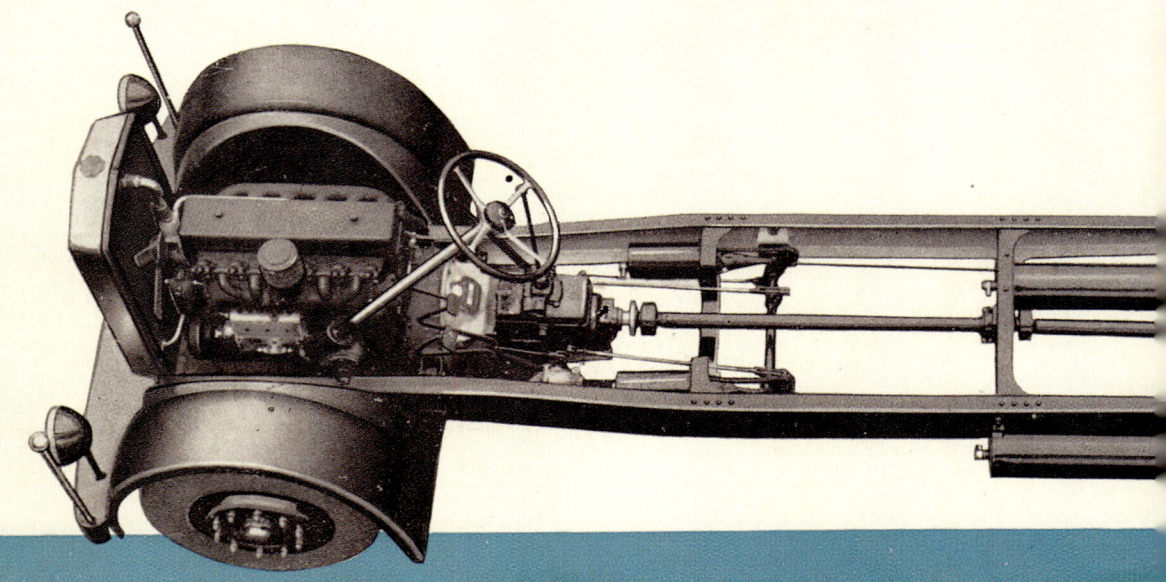

Räder:

Leicht abnehmbare Stahlblech-Scheibenräder mit Felge 34 × 7".

Bremsen:

Die Fahrzeuge werden mit 2 zuverlässig und elastisch wirkenden Bremsen ausgerüstet.

1. Die Fußbremse als Vierradbremse mit Bosch-Dewandre-Servo-Einrichtung und großen Bremsflächen.

2. Die Handbremse wirkt ebenfalls auf alle 4 Räder. Der Wagen kann mit der Handbremse leicht in jeder Steigung gehalten werden.

Die Bremsen sind schnell nachzustellen und der Belag ohne Abnahme der Radnaben leicht auszuwechseln.

ALLGEMEINE AUSRÜSTUNG DES BETRIEBSFERTIGEN WAGENS:

Geschlossenes, geräumiges Drei-Personen-Führerhaus. Sitzkissen und Rückenlehne mit echter Lederpolsterung. Kurbelfenster. Leicht ausstellbare Windschutzscheibe. Vollständige elektrische Licht- und Anlasseranlage mit 2 Batterien von je 105 Amp.-Stunden. Elektrisches Signalhorn. Winker mit Blendschutz. Elektrischer Scheibenwischer. 2 große Scheinwerfer mit Abblendvorrichtung und Standlichtern. Schlußlampe mit Stop-Licht. Handlampe. Armaturentafel-Beleuchtung. Tachometer mit Kilometerzähler. Rückblickspiegel. Verchromter Kühler. Kühlwasserthermometer. Vordere Stoßstange mit Begrenzungsstäben und reichhaltiges Werkzeug.

An der Armaturentafel befinden sich: der Hebel für Einspritzzeitverstellung, Knopf zum Abstellen des Motors, ferner ein Öldruckmesser und der Schaltkasten für die elektrischen Apparate. Auf dem Lenkrad sind sehr bequem zugänglich angebracht: der Umschalter für Abblendung, der Schalter für den Winker und der Signalknopf zum Boschhorn.

Anfragen erbeten an unsere Büros oder an Werk Nürnberg

Der leichtzugängliche 90 PS-6-Zylinder-Dieselmotor.

Kupplung mit angeflanschtem Getriebe. Leichte Montage.

Kräftiger Rahmen. Unverwüstliche Hinterachse.

Lange und breite Blattfedern. Bremsen schnell nachzustellen. Bremsbelag leicht zu erneuern ohne Abnahme der Radnaben.

LEISTUNGEN • ABMESSUNGEN • GEWICHTE

Motor:

Typ . . . . D 0540 Diesel
Zylinderzahl 6
Bohrung . . . . 105 mm
Hub . . . . 140 mm
Drehzahl . . . . 1800/min.
Hubvolumen . . . . 7,3 Ltr.
Leistung . . . . 90 PS

Fahrgestell:

Radstand . . . . .5000 mm*)
Bruttotragfähigkeit (Aufbau + Nutzlast) 5000 kg
Spurweite vorn und hinten 1757 mm und 1615 mm
Gewicht des betriebsfertigen Fahrgestells
etwa . . . . 3500 kg
Bereifung 8,25—20 (normal) Übergröße 9,00—20

Höchstgeschwindigkeit je nach Hinterachsuntersetzung . . . . . 47—55—60 km/Std.
mit 5 gg. Getriebe . . . . . bis 70 km/Std.
Lenkradius am äuß. Vorderrad . . . . 8,0 m
Lenkradius am inn. Hinterrad . . . . 4,3 m

Fahrfertiger Wagen:

Außenlänge der Ladefläche . . . 4800—5000 mm
Außenbreite der Ladefläche . . . . 2100 mm
Höhe der Bordwände . . . . . . 500 mm
Gesamtlänge des Wagens etwa 7425—7625 mm
Gesamtbreite „ „ normal 2150 mm
Gesamthöhe des Wagens (bis Oberkante
Führerhaus im belasteten Zustand) . 2350 mm
Gewicht des fahrfertigen Wagens mit
normaler Brücke ohne Sonderausrüstung
etwa . . . . 4500 kg
Nutzlast . . . . 4000 kg
Zulässiges Gesamtgewicht des Fahrzeugs 8500 kg

*) Für Sonderfälle kann das Fahrgestell auch mit 4500 mm und 5700 mm Radstand geliefert werden.
Letzteres für Spezialaufbauten bis 6 m Länge. Ferner mit 3700 mm Radstand als Sattelschlepper.

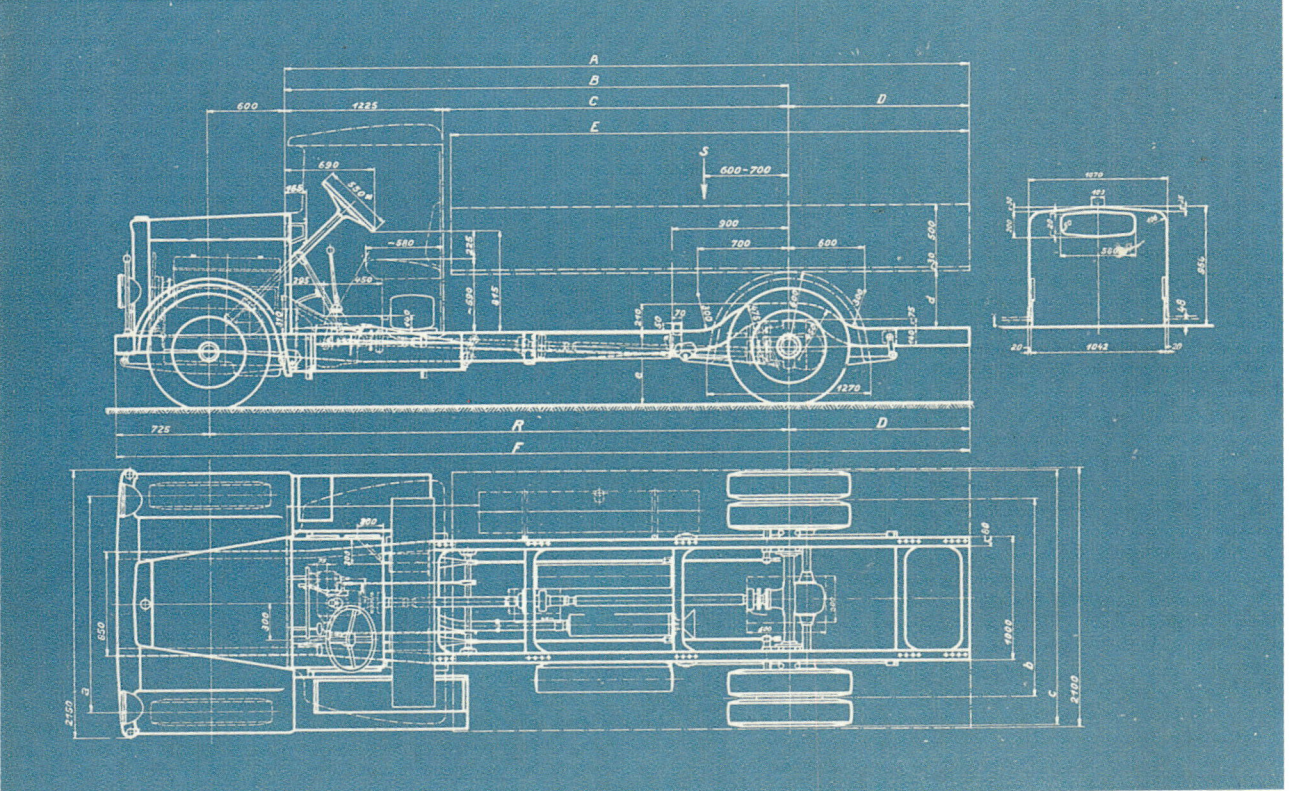

FAHRGESTELLMASSE (in mm):

R	A*)	B	C	D*)	E	F	
4500	5100 5300	3900	2675	1200 1400	3800 4000	6425 6625	Zulässiges Gesamt- gewicht = 8500 kg
5000	6100 6300	4400	3175	1700 1900	4800 5000	7425 7625	Zulässiger Vorder- achsdruck = 2800 kg
5700	7300	5100	3875	2200	nur für Omnibusse	8625	Zulässiger Hinter- achsdruck = 5700 kg
3700	4130	3100	1875	1030	Sattel- schlepper	5455	S = Auflagepunkt für Sattelschlepper

*) andere Maße auf Anfrage.

REIFEN-ABMESSUNGEN:

Felgen	Bereifung	Bodenspur vorne „a"	Mittelspur hinten „b"	Breite über Hinter-Reifen „c"	Rahmenoberkante bis Unterkante Kotflügel „d"	Fußboden bis Rahmenoberkante, belastet „e"
34 x 7"	8,25—20	1757	1615	2083	455	585
34 x 7"	9,00—20 Übergröße	1737	1615	2116	470	605
36 x 8" *)	9,00—20 extra	1790	1645	2170	470	605

*) nur auf besonderen Wunsch gegen Mehrpreis!

M·A·N
MASCHINENFABRIK AUGSBURG-NÜRNBERG A·G·

Typ „D1"

4-Tonner

„E 1"

M·A·N

TOTAAL
DRAAGVERMOGEN 3500 K.G.

BIJZONDERHEDEN VAN HET E1-CHASSIS:

Motor:
60/65 pk 4-cylinder Dieselmotor, welke werkt volgens het bekende systeem van M.A.N., directe inspuiting met luchtkamer. Voor bijzonderheden zie afzonderlijk prospectus.

Chassisraam:
Electrisch gelascht chassis van geperst staalplaat, geheel zonder klinknagels. Boven de achteras licht doorgebogen. Laag zwaartepunt.

Frictie:
Enkelvoudige, droge plaatkoppeling, betrouwbaar, gemakkelijk schakelen.

Versnellingsbak:
ZF-vierversnellingsbak, direct aan den motor gekoppeld.

Cardan-assen:
Uitgebalanceerde buizen met tusschenlager en kruiskoppelingen, welke met olie gesmeerd worden.

Achteras:
Drijfwerk en draagas gescheiden. Draagas uit één stuk chroom-nikkelstaal gesmeed. Krachtoverbrenging van de cardanas over het differentieel (kegeltandwielen met cycloïde vertanding), door middel van zijassen en een tandwieloverbrenging op de naven naar de wielen. Vermindering van de ongeveerde massa's en geringe bandenslijtage. Het geheel is stof- en waterdicht ingesloten en gemakkelijk toegankelijk.

Vooras, stuurinrichting:
Zware vooras, groote draaihoek van de wielen, lichte besturing.

Veering:
Het type E1 heeft soepele veeren van in de olie gehard chroom-vanadium-staal, resp. silicium-mangaan-staal. De achterveeren nemen de trek- en remkrachten op, daardoor een soepele krachtoverbrenging.

Wielen:
Gemakkelijk te demonteeren. Schijfwielen van geperst staalplaat, velgen 20 × 5".

Remmen:
Twee betrouwbare remmen: voetrem op de vier wielen, hydraulisch, systeem Lockheed, gemakkelijk nastelbaar; de remvoering kan, zonder de wielnaven af te nemen, snel vernieuwd worden; handrem op den versnellingsbak.

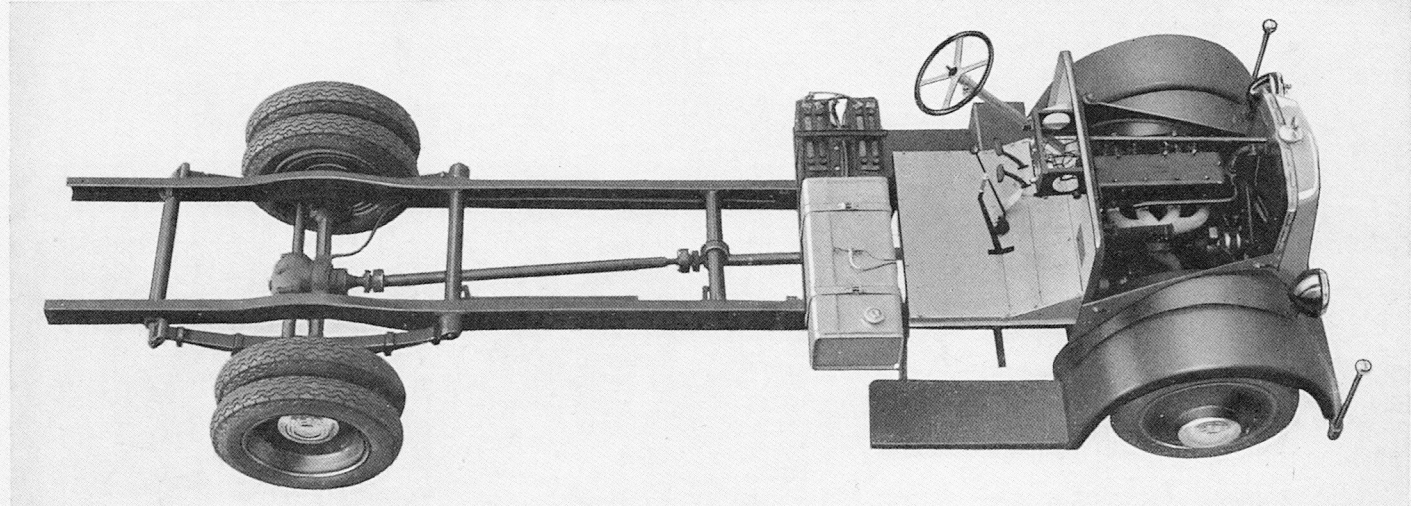

ALGEMEENE UITRUSTING VAN HET CHASSIS:

Electrische licht- en startinstallatie met twee batterijen, elk van 12 volt en 60 amp.u.

Twee groote koplampen met diminrichting (koplampen gemakkelijk verstelbaar). Parkeerlichten in de twee staven, welke dienen voor het aangeven van de breedte. Achterlicht met stoplamp. Verlichting van het instrumentenbord. Electrische hoorn.

Radiateur van nieuw model, eenigszins spits en naar achteren overhellend, met sierraster en verchroomde randen.

Op het instrumentenbord bevinden zich:
Snelheidsmeter met km-teller,
Oliedrukmeter voor den motor,

Schakelkast voor de electrische installatie,
Knop om den motor te laten stoppen.

Alle bedieningsorganen zijn handig aangebracht, bijv. op het stuur bevinden zich de dimschakelaar en de drukknop voor den claxon.

Elk chassis is voorzien van een uitgebreide sorteering gereedschap.

M • A • N

MACHINENFABRIK AUGSBURG NÜRNBERG A.G.

M·A·N

Stirnsitz-Omnibus Typ **LPS**

D 22 1848

1 K 3

M·A·N·-Typ LPS

Bei diesem Typ handelt es sich um ein nach bewährten Konstruktionsgrundsätzen unter Berücksichtigung neuzeitlicher Forderungen des Omnibus-Verkehrs entwickeltes Fahrzeug. In rücksichtslosen Probefahrten auf guten und schlechten Straßen stellte es seine Zuverlässigkeit vollgültig unter Beweis. Es vereinigt in sich ein Höchstmaß an technischer Vollendung, gewährleistet durch jahrzehntelange Erfahrung im Bau leistungsfähiger Nutzfahrzeuge. — Der vorverlegte Führersitz ermöglicht eine fast vollkommene Raumausnützung, die niedere Fußbodenhöhe von 60 cm gestattet ein müheloses und schnelles Ein- und Aussteigen und die durch den kurzen Radstand bedingte Wendigkeit sichert diesem Fahrzeug eine erhöhte Einsatzfähigkeit auch in engen und winkligen Straßen.

Der Einstieg liegt vor der Vorderachse. Dank der niedrigen Rahmenhöhe von nur 52 cm konnte die Fußbodenhöhe ebenfalls entsprechend tief (60 cm) gehalten werden. Die dadurch erzielte günstige Schwerpunktlage verleiht dem Fahrzeug eine überraschend günstige Seitenstabilität, die auch beim Befahren enger Kurven unangenehme Schwankungen vermeidet.

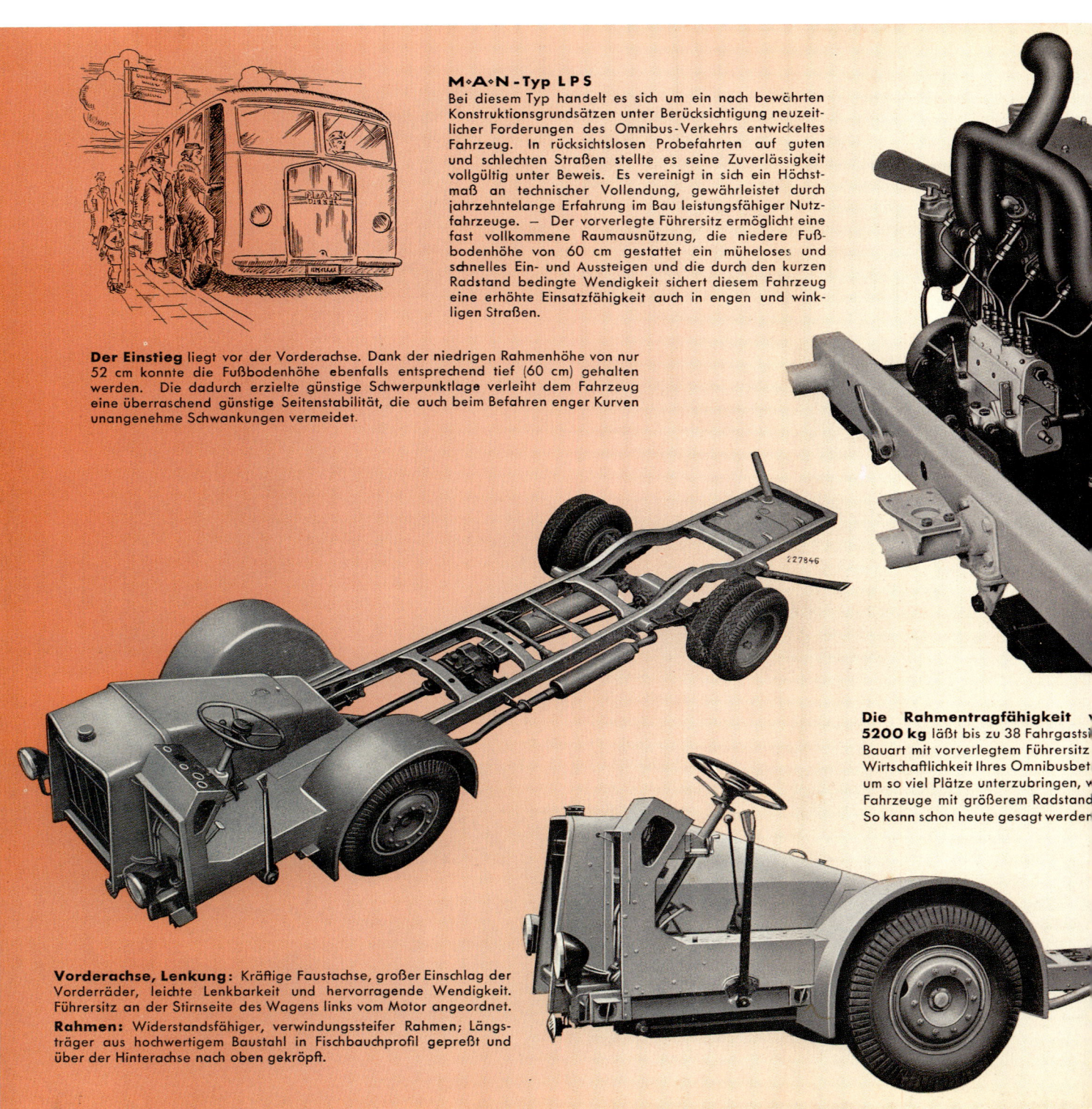

Die Rahmentragfähigkeit v
5200 kg läßt bis zu 38 Fahrgastsi
Bauart mit vorverlegtem Führersitz
Wirtschaftlichkeit Ihres Omnibusbet
um so viel Plätze unterzubringen, v
Fahrzeuge mit größerem Radstand
So kann schon heute gesagt werden

Vorderachse, Lenkung: Kräftige Faustachse, großer Einschlag der Vorderräder, leichte Lenkbarkeit und hervorragende Wendigkeit. Führersitz an der Stirnseite des Wagens links vom Motor angeordnet.
Rahmen: Widerstandsfähiger, verwindungssteifer Rahmen; Längsträger aus hochwertigem Baustahl in Fischbauchprofil gepreßt und über der Hinterachse nach oben gekröpft.

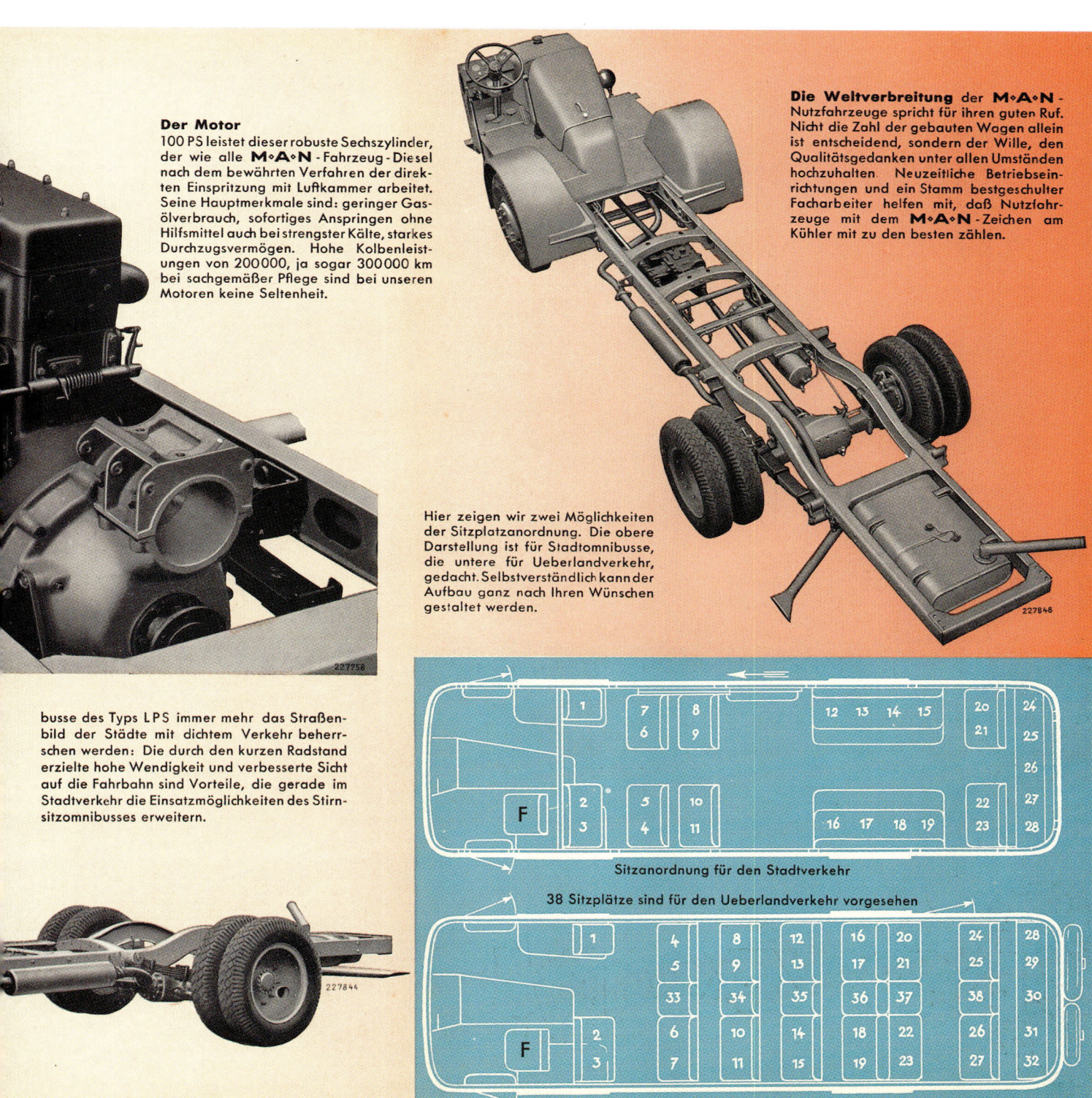

Der Motor

100 PS leistet dieser robuste Sechszylinder, der wie alle M•A•N-Fahrzeug-Diesel nach dem bewährten Verfahren der direkten Einspritzung mit Luftkammer arbeitet. Seine Hauptmerkmale sind: geringer Gasölverbrauch, sofortiges Anspringen ohne Hilfsmittel auch bei strengster Kälte, starkes Durchzugsvermögen. Hohe Kolbenleistungen von 200000, ja sogar 300000 km bei sachgemäßer Pflege sind bei unseren Motoren keine Seltenheit.

Die Weltverbreitung der M•A•N-Nutzfahrzeuge spricht für ihren guten Ruf. Nicht die Zahl der gebauten Wagen allein ist entscheidend, sondern der Wille, den Qualitätsgedanken unter allen Umständen hochzuhalten. Neuzeitliche Betriebseinrichtungen und ein Stamm bestgeschulter Facharbeiter helfen mit, daß Nutzfahrzeuge mit dem M•A•N-Zeichen am Kühler mit zu den besten zählen.

Hier zeigen wir zwei Möglichkeiten der Sitzplatzanordnung. Die obere Darstellung ist für Stadtomnibusse, die untere für Ueberlandverkehr, gedacht. Selbstverständlich kann der Aufbau ganz nach Ihren Wünschen gestaltet werden.

227846

227756

227844

busse des Typs LPS immer mehr das Straßenbild der Städte mit dichtem Verkehr beherrschen werden: Die durch den kurzen Radstand erzielte hohe Wendigkeit und verbesserte Sicht auf die Fahrbahn sind Vorteile, die gerade im Stadtverkehr die Einsatzmöglichkeiten des Stirnsitzomnibusses erweitern.

Sitzanordnung für den Stadtverkehr

38 Sitzplätze sind für den Ueberlandverkehr vorgesehen

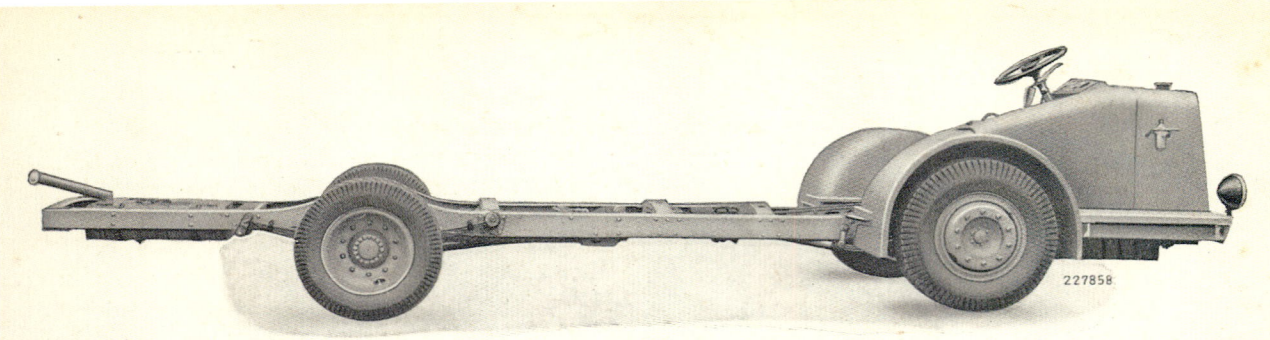

TECHNISCHE DATEN DES TYPS LPS

Motor:

Leistung	PS	100
Typ	Diesel	D 1040
Zylinderzahl		6
Bohrung/Hub	mm	110/140
Hubvolumen	ltr.	8
Drehzahl max.	U/min.	1900
Drehmoment	mkg	39
Gewicht des Motors ohne Wasser und Oel	ca. kg	600
Gasölverbrauch	ca. kg/100 km	22

Fahrgestell:

Radstand normal	mm	4250
Spurweite vorne	mm	1875
Spurweite hinten	mm	1800
Lenkradius am äußeren Vorderrad	ca. m	8
Lenkradius am inneren Hinterrad	ca. m	4,6
Gewicht des Fahrgestells	ca. kg	3600
Räderart		Scheiben
Felgen vorn		8"—20
Felgen hinten		6"—20
Bereifung vorn		270—20 mm oder 9,75—20"
Bereifung hinten		2×210—20 mm oder 2×7,50—20"
Höchstgeschwindigkeit	ca. km/Std.	68—70
Bodenfreiheit vorn/hinten	ca. mm	185/180

		bei Zoll-Reifen	bei mm-Reifen
Höhe der Rahmenoberkante belastet	ca. mm	520	535
Zulässiges Gesamtgewicht	ca. kg	8600	8800
Zulässiger Achsdruck vorne	ca. kg	3650	3700
Zulässiger Achsdruck hinten	ca. kg	4950	5100
Rahmentragfähigkeit	ca. kg	5000	5200
bei fahrplangebundenem Linienverkehr (durchschnittl. Reisegeschwindigkeit max. 35 km/Std.)	ca. kg		5400
Höchste Sitzplatzzahl		38 Fahrg. + 1 Fahrer	

Sonstiges:

Lenkung		M A N
Getriebe, 5 Vorwärtsgänge	Z. F. Typ	Faks 45
Kupplung	Mecano Typ	LA 50
Fußbremse		Vierrad-Druckluft
Handbremse		Zweirad mech.
Lichtmaschine	Watt/Volt	300/24
Anlasser	PS/Volt	6/24
2 Batterien je	Volt/Amp.-Std.	12/105
Tankinhalt	Ltr.	125

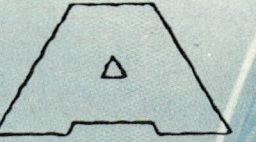

MASCHINENFABRIK AUGSBURG-NÜRNBERG A.G.

WERK NÜRNBERG

Die M·A·N DIESEL-OMNIBUSSE
der Stadt der Reichsparteitage
Nürnberg

Die M.A.N.-Diesel-Omnibusse der Stadt der Reichsparteitage Nürnberg

Die Stadt Nürnberg hat 430 000 Einwohner. Zum Reichsparteitag waren über 1 Million Besucher anwesend. Der Vergleich dieser beiden Zahlen zeigt die ganze Schwierigkeit der Aufgabe, vor welche die Organisationsleitung des Reichsparteitages gestellt ist. Alle diese Besucher brauchen Unterkunft und Verpflegung und, soweit sie nicht in Zeltlagern untergebracht sind, steigern sie den Verkehr so, daß er die engen Straßen von Nürnbergs Altstadt beinahe sprengt.

Nur eine großzügige Vermehrung der Fahrzeuge, insbesondere auch der vermehrte Einsatz von Omnibussen, die an keine Schienen gebunden sind und daher Straßen mit großem Gedränge leicht umfahren können, konnte dem erhöhten Bedarf Rechnung tragen.

Die Verwaltung der Städtischen Straßenbahn stellte darum im Jahre 1936 27 neue Omnibusse und 30 neue Straßenbahn-Anhänger in Dienst. **Alle Omnibus-Fahrgestelle, ein Teil der Omnibus-Aufbauten und 20 der Straßenbahnwagen wurden bei der M.A.N. in Auftrag gegeben.** Daß die Wahl der Städt. Straßenbahn-Direktion auf M.A.N.-Wagen fiel, bedeutet mehr als eine Berücksichtigung der heimischen Industrie: Es ist das Ergebnis einer jahrelangen technischen und betriebswirtschaftlichen Beobachtung an den bereits laufenden M.A.N.-Omnibussen der Städtischen Straßenbahn. Diese Omnibusse wurden schon vor langer Zeit in Dienst gestellt und waren damals noch mit Benzin-Motoren ausgerüstet. Als dann die fahrtechnischen und kostenmäßigen Vorteile des Dieselmotors immer mehr bekannt wurden, ließ die Straßenbahn in einen Teil der Omnibusse M.A.N.-Dieselmotoren einbauen.

Die Dieselplakette für 100 000 und 200 000 km störungsfreien Betrieb ist ein Zeichen für die Bewährung dieser Motoren. Ihre Wirtschaftlichkeit ist in den Büchern der Straßenbahn verzeichnet. Beides zusammen führte zu der neuerlichen Bestellung von M.A.N.-Diesel-Omnibussen.

Bild 2. M.A.N.-Omnibus der Städt. Straßenbahn Nürnberg-Fürth, dessen M.A.N.-Einbau-Dieselmotor 200 000 km störungsfrei zurückgelegt hat und daher die bronzene und die silberne Dieselplakette erhielt.

Bild 3. Die F-Omnibusse in unseren Werkstätten beim Aufbau.

Es handelt sich dabei um 22 F-Niederrahmen-Fahrgestelle und 5 D 1-Fahrgestelle. 10 der F-Omnibusse wurden in unseren eigenen Werkstätten mit Ganzstahl-Aufbauten versehen.

Die 22 F-Omnibusse

Die Fahrgestelle sind unsere F 2-Niederrahmen-Fahrgestelle mit 110 PS 6 Zylinder-Dieselmotor Typ D 2086 K. Da bestimmte Strecken mit Personen-Anhängern gefahren werden, ist durchweg eine Anhänger-Kupplung vorgesehen.

Der Aufbau wurde von der Städt. Straßenbahn Nürnberg in enger Anlehnung an die Bauvorschrif-

ten für den Einheits-Stahlaufbau der Reichspost festgelegt. Die Omnibusse sind hauptsächlich für Stadtverkehr bestimmt; infolgedessen wurde bei der Form weniger auf Windschnittigkeit als auf Geräumigkeit Wert gelegt. Die Gesamtlänge der Wagen ist 9 m, die Höhe 2,70 m, die Breite 2,30 m. Diese Maße durften der engen Straßen Nürnbergs wegen nicht überschritten werden.

Die von uns mit Aufbau versehenen Wagen haben 26 Sitz- und 24 Stehplätze; der Führerraum ist gegen den Fahrgastraum vollständig abgetrennt. Die genaue Sitzanordnung zeigt der Plan in unserem Bild. Ein Teil der übrigen Wagen haben 30 bzw. 35 Sitzplätze und entsprechend weniger Stehplätze.

Bild 4.   Die Schleifscheibe entfernt die feinen Grate und Unebenheiten der Blechverkleidung.

Bild 5.   Die Fertigung des Dachgerüstes.

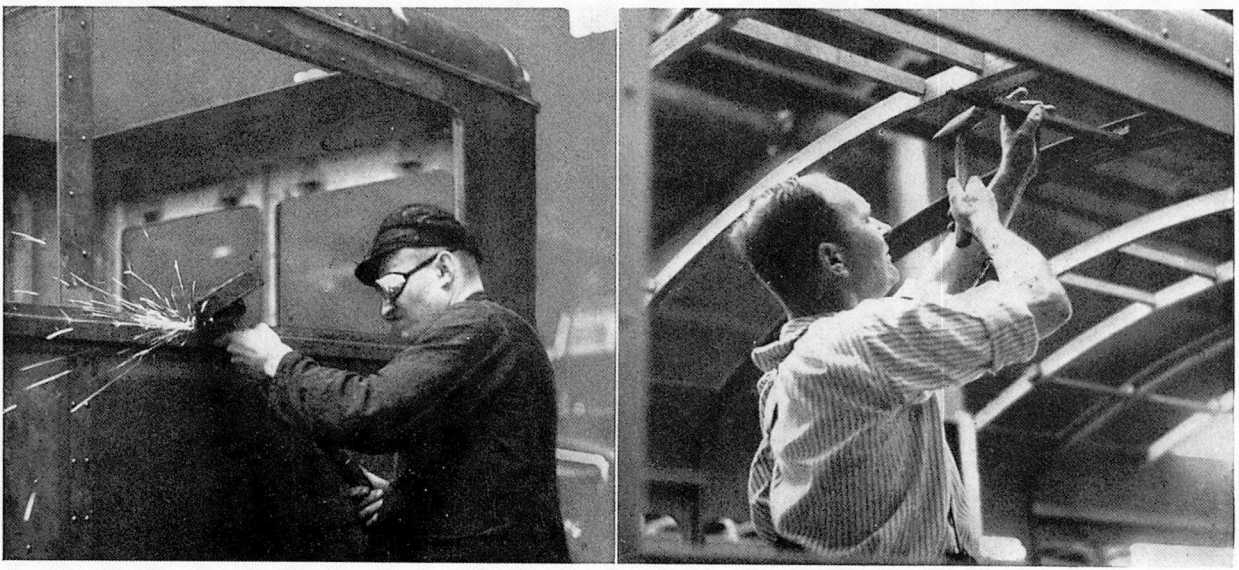

Bild 6. Ansicht und Sitzplan der F-Omnibusse der Nürnberger Straßenbahn.

Inneneinrichtung: Die Innenwände sind mit gebeiztem und mattgebürstetem Rüsterholz verkleidet, die Decke weiß gestrichen, der Fußboden mit Eichenleisten belegt; über den wichtigsten Teilen des Triebwerkes sind im Fußboden dichtschließende Klappen angebracht, damit das Triebwerk von oben her zugänglich ist. Die Sitzgestelle aus Stahlrohr sind mit Sprungfedern und Roßhaar gut gepolstert und mit grünem Rindleder bezogen. Die Rückenlehnen sind so ausgebildet, daß sie den Fahrgästen auch in den Kurven sicheren Halt geben. Sämtliche Sitze haben Haltegriffe aus panzaliertem Hydronalium, das ist eine Leichtmetallegierung, deren Oberfläche nach einem Sonderverfahren behandelt wurde. 4 Fenster sind durch Kurbeln herablaßbar. Alle Fenster haben Schiebevorhänge, die bei Luftschutzübungen eine vollständige Verdunkelung gestatten. Besondere Sorgfalt wurde den Türen zugewendet, da diese bei dem ständigen Ein- und Aussteigen vollkommen einwandfrei arbeiten müssen

Bild 7. Das Innere des F-Omnibusses. Blick gegen den Fahrerraum. Rechts die vordere Einsteigtür, die in ihrer ganzen Höhe verglast ist.

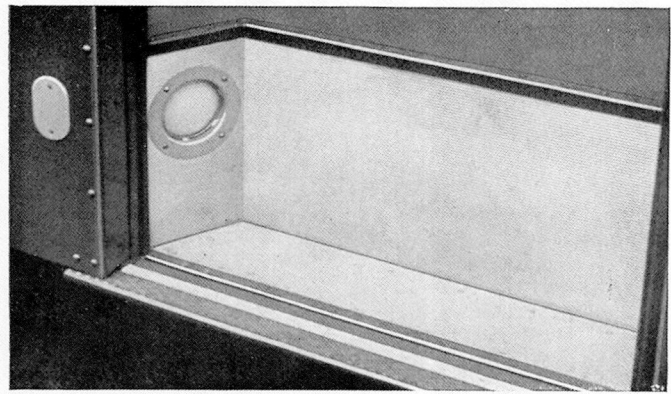

Bild 8. Die Beleuchtung der Eintritts-Stufe.

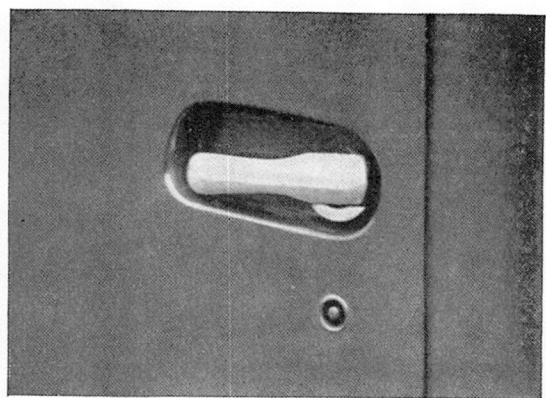

Bild 9. Der versenkte Griff der Tür zum Fahrerraum.

und keine Störungen und Verzögerungen verursachen dürfen. Die beiden Türen für die Fahrgäste sind auf der rechten Seite angeordnet. Sie sind als Schiebetüren ausgebildet, vollständig aus Hydronalium gefertigt und werden durch Preßluft betätigt. Die vordere Tür kann nur vom Fahrer durch Druckknopf geöffnet und geschlossen werden, während die hintere sowohl vom Fahrer als auch vom Schaffner und den Fahrgästen zu bedienen ist. Um bei Fahrten auf langen Strecken, die im Einmannbetrieb durchgeführt werden, das unbefugte Öffnen der hinteren Türe zu verhindern, kann der Fahrer von seinem Sitz aus den Bedienungsknopf für diese Tür abschalten, so daß er unwirksam wird. Außerdem sieht der Fahrer durch ein aufleuchtendes Lichtsignal stets, ob die hintere Türe geöffnet oder geschlossen ist. Damit Fahrer und Schaffner den Ein- und Aussteigeverkehr gut überblicken können, sind die Türen auch in ihrem unteren Teile verglast, und zwar der Bruchsicherheit wegen mit Sonder-Drahtglas. Die Schließkante der Türen ist mit hohlen Gummileisten belegt, die unbedingt sicher abdichten und Verletzungen und Quetschungen der Hände bei etwaigem Einklemmen unmöglich machen.

Die Eintrittsstufe wird bei Dunkelheit durch das Öffnen der Türe selbsttätig beleuchtet.

Der Einstieg für den Fahrer ist auf der linken Seite durch eine Flügeltüre. Der Griff dieser Türe ist aufklappbar in einer Mulde eingelassen, damit Personen, die etwa mit dem fahrenden Wagen in Berührung kommen, nicht lebensgefährlich verletzt werden, wie dies schon verschiedentlich durch herausragende Griffe geschah.

Bild 10. Ein D- und ein F-Omnibus vor der Lorenzkirche in Nürnberg.

Heizung und Lüftung. Die Omnibusse haben zwei getrennte Frischluftheizanlagen. Bei der einen saugt ein Gebläse die durch den Kühler vorgewärmte Luft an, führt sie an dem Auspuffrohr entlang, wobei sie sich weiter erwärmt und drückt sie in den Fahrgastraum. Die andere Anlage ist zur Heizung des Anhängers bestimmt. Bei ihr wird die Frischluft durch den Auspufftopf erhitzt und durch einen Metallschlauch zum Fahrgastraum geleitet, wo sie durch einen regelbaren Verteiler ausströmt.

Für die Lüftung des Fahrgastraums sorgen zwei Kanäle, die von der Wagenstirnwand durch den Führerraum bis zur Zwischenwand geführt werden, von wo die Luft durch regelbare Schieber in das Wageninnere eintritt.

Bild 12. Einer der D1-Omnibusse auf dem Weg nach Erlangen vor der Nürnberger Burg.

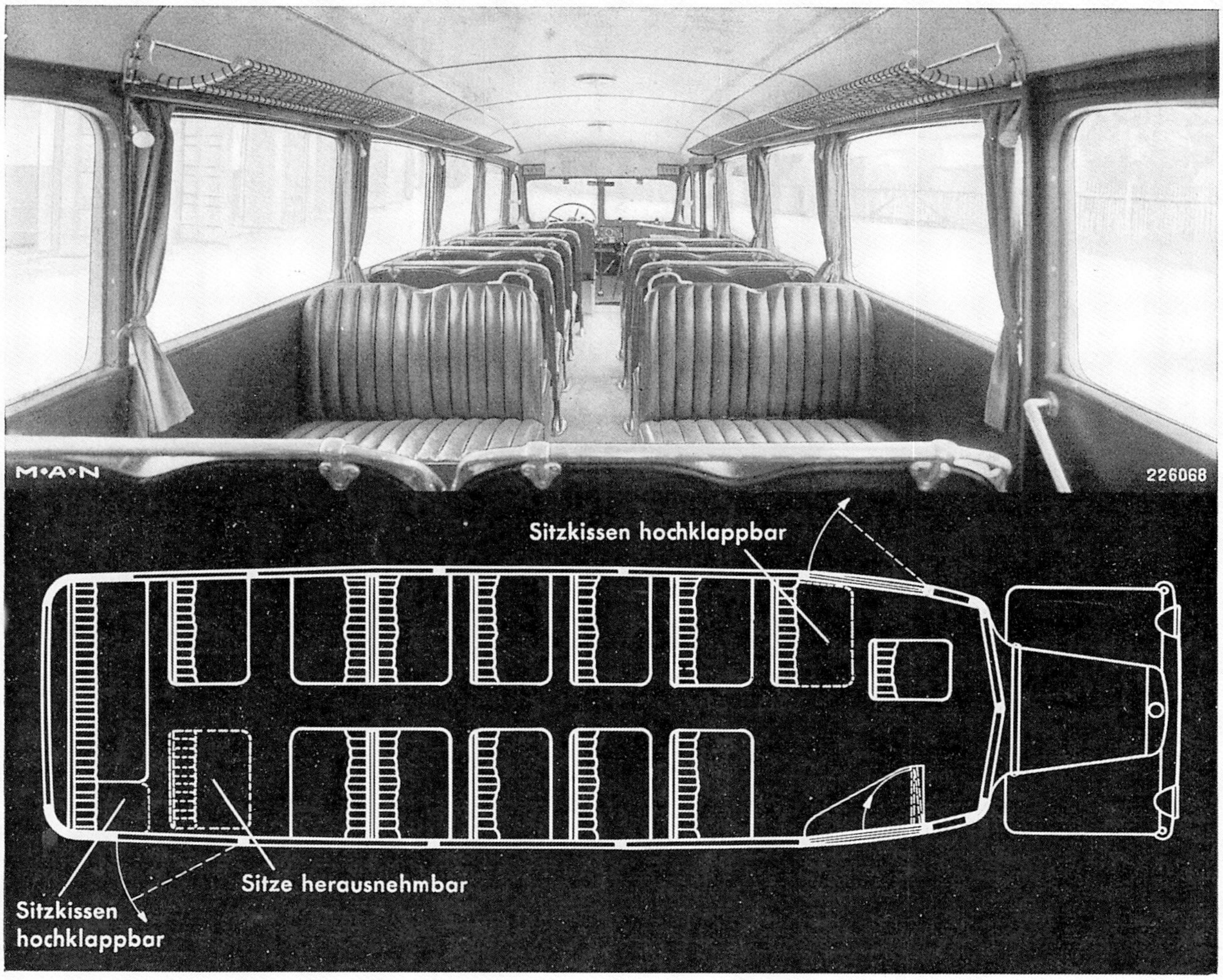

Bild 13.   Blick ins Innere und Sitzplan eines der D1-Omnibusse.

Die D-Omnibusse

Die D-Omnibusse sollen im Linienverkehr auf der 19 km langen Strecke Nürnberg—Erlangen eingesetzt werden. Sie zeigen deshalb abgerundete Formen, und bei der Raumeinteilung wurden die Sitzplätze auf Kosten der Stehplätze vermehrt, so daß sich 30 Sitz- und 15 Stehplätze ergaben. Das Fahrgestell ist unser Typ D1 mit einem Radstand von 5 700 mm und 90 PS-Dieselmotor. Der Aufbau ist aus Holz. Die vordere Einsteigtür für die Fahrgäste ist eine Faltentüre, die vom Fahrer durch ein Gestänge geöffnet und geschlossen wird. Die Innenausstattung entspricht im wesentlichen derjenigen der F-Wagen, nur daß der längeren Fahrzeit wegen noch Gepäcknetze vorgesehen sind.

M · A · N

MASCHINENFABRIK AUGSBURG-NÜRNBERG A.G.

WERK NÜRNBERG

D 22 1640/II

Der **M·A·N**-2³/₄-Tonner, Typ E 2,

zeichnet sich durch niedere Betriebskosten aus.

Dieser Vorteil beruht auf dem geringen Gasölverbrauch des M.A.N.-Dieselmotors und der kräftigen Gesamtausführung des Wagens, die Unempfindlichkeit und hohe Lebensdauer verbürgt. Gerade der letzte Punkt wird oft unterschätzt, obwohl er sich bei den harten Anforderungen, welche an Lastwagen gestellt werden, entscheidend auswirkt. Der M.A.N.-Lastwagen wird mit Recht der „Wagen mit dem niederen Reparaturkonto" genannt, d. h. er verursacht keine Überraschungskosten und ist immer dienstbereit.

Der Rahmen ist vollkommen nietlos; seine Längs- und Querträger sind nach einem Sonderverfahren elektrisch verschweißt. Seine tiefe Lage und die bauliche Durchbildung der Triebwerkteile gibt dem Wagen die Fahreigenschaften eines guten Personenwagens. Besonders angenehm ist, daß der Motor dank dem M.A.N.-Dieselverfahren ohne jedes Hilfsmittel oder umständliche Vorbereitungen bei jedem Wetter sofort anspringt.

Der Motor ist ein robuster 65 PS-Vierzylinder-M.A.N.-Diesel mit großem Hubvolumen, der unempfindlich, zäh und sparsam im Verbrauch ist. Einzelheiten über Motor und M.A.N.-Dieselverfahren sind in unserer Sonder-Drucksache enthalten.

Erhebliche Vorteile für den M.A.N.-Kunden bietet die umfassende M.A.N.-Verkaufsorganisation mit eigenen Verkaufsbüros und Reparaturwerkstätten, die persönliche Bedienung jedes Kunden ermöglicht, sowie der seit Jahren bewährte M.A.N.-Revisionsdienst. Wer am M.A.N.-Revisionsdienst teilnimmt, hat die Gewähr, daß sein Wagen regelmäßig durch tüchtige Revisionsmeister untersucht wird; etwaige Mängel werden rechtzeitig behoben und größere Schäden vermieden.

Zusammengefaßt ergeben sich

1. Unempfindlicher, schmiegsame[r] großes Hubvolumen, hohes [ ] Dieselverfahren begründeter richtung, kräftiger 24 Volt-Anl[ ]
2. Einfache übersichtliche Konstru[ ] Bodenfreiheit.
3. Rahmen-Längs- u. Querträger, [ ]
4. Völlig nietloser Rahmen.
5. Leichte ungeteilte Hinterachse[ ]
6. Geringes Gewicht der unabge[ ] Fahreigenschaften.
7. Niedriger Reifenverbrauch.
8. Zuverlässige Öldruckbremse.
9. Alle Einzelteile reichlich bem[ ] Abschreibung, kleines Repara[ ]
10. Niedriges Eigengewicht des V[ ]
11. Leichte Wartung und Pflege.

Vorzüge:

g laufender 65 PS - 4 - Zylinder - Dieselmotor;
, große Kraftreserve, geringer, im M.A.N.-
uch, leichtes Anlassen **ohne** jede Hilfsein-

hrgestells, tiefliegender Schwerpunkt, große

usw. elektrisch verschweißt, erhöhte Festigkeit.

von Tragachse getrennt.

assen, tiefe Schwerpunktlage, hervorragende

er Laderaum, lange Lebensdauer, niedrige

Motor	Typ D 0534	Fahrgestell		Fahrfertiger Wagen	
Zylinderzahl . .	4	**Radstand**	**4000 mm**	Länge der Ladebrücke (Außenmaß)	. . 3500 mm
Bohrung	105 mm	Spurweite vorn und hinten . . .	1630 u. 1563 mm	Breite der Ladebrücke (Außenmaß)	. . 2000 mm
Hub	130 mm	**Tragfähigkeit** . .	**3600 kg**	Höhe der Bordwände . .	. . 400 mm
Hubvolumen . .	4,5 Ltr.	Gewicht des be-		Gesamtlänge des Wagens .	6000 mm
Drehzahl	2200/min	triebsfertigen Fahrgestells etwa .	2200 kg	Gesamtbreite des Wagens .	2130 mm
Leistung . . .	**65 PS**	Normalbereifung		Gesamthöhe des Wagens etwa	. . 2100 mm
Drehmoment . .	22 mkg	vorne	7,00 Transport-20		
Brennstoffverbrauch etwa 18—20 Ltr./100 km		hinten	doppelt „	Gesamtgewicht des fertigen Wagens mit normaler Brücke ohne Sonderausrüstung etwa	. . 2750 kg
		Höchstgeschwindig- keit je nach Unter- setzung	52/65 km/Std.	**Nutzlast**	. **2750 kg**
		Lenkradius am äus- seren Vorderrad	6,8 m	Zulässiges Gesamtgewicht .	5800 kg
		Lenkradius am in- neren Hinterrad .	3,9 m		

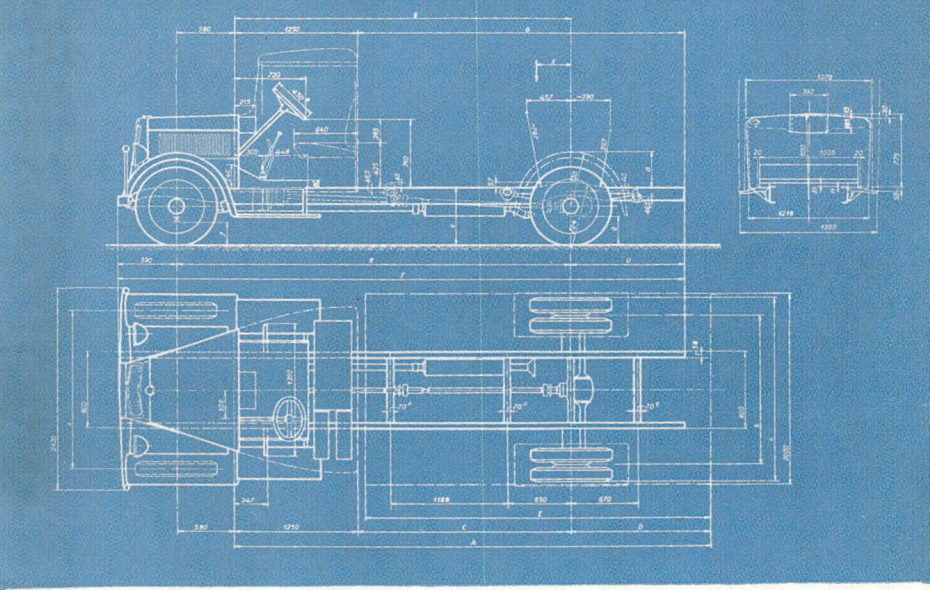

FAHRGESTELLMASSE (in mm)

A	B	C	D	E Brücken- länge:	F	G	R Rad- stand:	U Über- hang:	X Schwerpunkts- Abstand:
4830	3420	2170	1410	3500	5740	3320	4000	1150	340—240
4980			1560	3650					
—	4070	2820	—	—	6690	4270	4650*	1450	—

Zulässiges Gesamtgewicht: 5800 kg	Zulässiger Vorderachsdruck: 1800 kg
Rahmenbelastung: 3600 kg	Zulässiger Hinterachsdruck: 4000 kg

* = nur für Omnibusse

Felgen	Bereifung	Bodenspur vorne „a"	Mittelspur hinten „b"	Breite über Hinterreifen „c"	Rahmenober- kante bis Unter- kante Kotflügel „d"	Fußboden bis Rahmen- oberkante belastet „e"	Bodenfreiheit unt. Vorderachse „f"	Bodenfreiheit unt. Hinterachse „g"
5"—20	7,00—20	1630	1563	1952	320	605	254	292
5"—20	7,25—20 Übergröße	1630	1563	1954	320	614	263	301

Der 65 PS-4-Zylinder-Dieselmotor im E 2-Fahrgestell; leicht zugänglich. Einzelheiten siehe Sonderdrucke.

Das Getriebe ist unmittelbar am Motor angeflanscht. Getriebe, Hand- und Fußbremse sind gut zugänglich.

Zur Kraftübertragung dienen zentral gelagerte gut ausgewuchtete Rohrwellen mit ölgeschmierten Gelenken.

M.A.N.-Hinterachse. Tragachse – aus einem Stück geschmiedet – und Triebwerk sind getrennt. Leichte Ausbaumöglichkeit des gesamten Hinterachsgetriebes.

EINZELHEITEN DER E2 - BAUART:

Motor:

65 PS-4-Zylinder-Diesel, arbeitet nach dem bewährten M.A.N.-Strahleinspritz-Verfahren mit Luftkammer. Sparsam im Brennstoff- und Schmierölverbrauch. Näheres siehe Sonderdrucksache.

Rahmen:

Elektrisch geschweißter, völlig nietloser Stahlblechrahmen. Im Fischbauchprofil gepreßt. Leichte Kröpfung über der Hinterachse. Tiefliegender Schwerpunkt.

Kupplung:

Einscheiben - Trockenkupplung. 1000 fach bewährt, leichtes Schalten.

Getriebe:

ZF-Viergang-Getriebe am Motor angeflanscht. Auf Wunsch 5-Gang-Faksgetriebe. (Gegen Mehrpreis.)

Gelenkwellen:

Zentral gelagerte und ausgewuchtete Rohrwellen mit ölgeschmierten Gelenken dienen zur Kraftübertragung.

Hinterachse:

Triebwerk und Tragachse getrennt. Tragachse aus einem Stück Chromnickelstahl im Gesenk geschmiedet. Kraftübertragung von der Gelenkwelle über das Hinterachs-Getriebe (Kegelräder mit Bogenverzahnung) mittels Seitenwellen und Stirnrad-Nabenantrieb auf die Räder. Verringerung der unabgefederten Massen und niedriger Reifenverbrauch. Das Gesamttriebwerk ist staub- und wasserdicht gekapselt und leicht zugänglich.

Vorderachse, Lenkung:

Kräftige Faustachse, großer Einschlagwinkel der Räder, leichte Lenkung und hervorragende Wendigkeit.

Federung:

Typ E 2 ist weich gefedert. Lange und breite Blattfedern aus ölgehärtetem Chrom-Vanadium- bzw. Mangan-Silizium-Stahl. Die Hinterfeder nimmt Schub- u. Bremskräfte auf, deshalb weiche Kraftübertragung.

Räder:

Leicht abnehmbare Stahlblech-Scheibenräder mit 5—20″ Felge.

Bremsen:

Zwei zuverlässige Bremsen: 1. Fußbremse als Vierrad-Öldruckbremse Ate-Lockheed, leicht nachzustellen; Bremsbelag kann ohne Abnahme der Radnaben schnell ausgewechselt werden. 2. Handbremse wirkt auf das Getriebe.

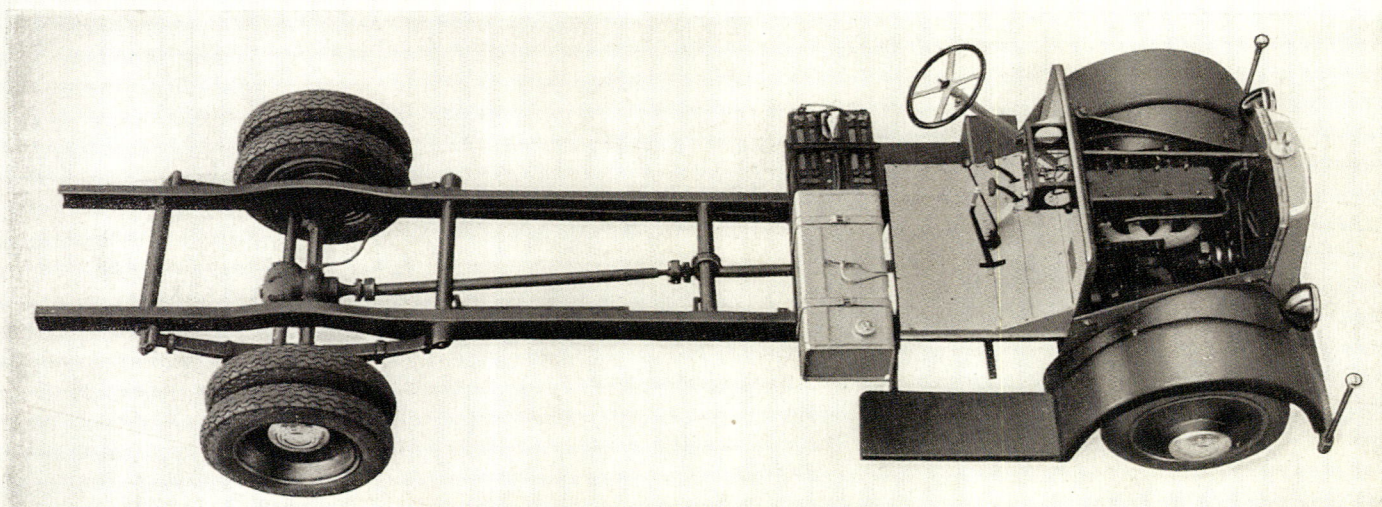

Allgemeine Ausrüstung des betriebsfertigen Wagens:

Geschlossenes, geräumiges **Drei-**Personen-Führerhaus, lichte Weite in Sitzhöhe 1670 mm.
Zwei Türen mit Kurbelfenstern.
Vollständige elektrische Licht- und Anlasseranlage mit 2 Batterien von je 12 Volt und 60 Amp./st.
2 große Scheinwerfer mit Abblendvorrichtung (Scheinwerfer im Kugelsitz leicht einstellbar).
Stand- und Positionslichter in den Begrenzungsstäben.
Schlußlampe mit Haltlicht.
Handlampe.
Armaturentafel-Beleuchtung.
Elektrischer Winker mit Blendschutz.
Elektrisches Signalhorn.
Elektrischer Scheibenwischer.
Rückblickspiegel.
Kühler in neuester Form, halbspitz, nach hinten geneigt, mit Schutzgitter und Chromzierleiste.
Räder mit verchromten Radzierkappen. (Gegen Mehrpreis.)

An der Armaturentafel befindet sich:
Tachometer mit Kilometerzähler.
Öldruckmesser für den Motor.
Schaltkasten für die elektrische Anlage.
Knopf zum Abstellen des Motors.
Sämtliche Bedienungshebel sind bequem zugänglich angebracht, z. B. auf dem Lenkrad der Abblendschalter und Druckknopf für das Signalhorn.
Jedes Fahrzeug wird mit reichhaltigem Werkzeug bester Qualität ausgerüstet.
Genaue verbindliche Angaben über die Fahrzeug-Ausrüstung siehe Sonderdruckblatt.

MASCHINENFABRIK AUGSBURG-NÜRNBERG A·G·
Anfragen erbeten an unsere Büros oder an Werk Nürnberg.

Abbildungen und Beschreibungen sind für die Lieferung nicht verbindlich. Änderung von Konstruktion und Ausstattung vorbehalten.

97

Maße · Leistungen · Gewichte

Motor:		Lenkradius am äußeren	
Typ	D 0530	Vorderrad	etwa 7,00 m
Zylinderzahl	6	Lenkradius am inneren	
Bohrung	105 mm	Hinterrad	etwa 3,70 m
Hub	130 mm		
Hubvolumen	6,7 ltr.	**Fahrfertiger Wagen:** [2]	
Drehzahl	1900/min.	Außenlänge der Ladebrücke	4200 mm
Leistung	80 PS	Außenbreite der Ladebrücke	2100 mm
Drehmoment	32 mkg	Höhe der Bordwände	500 mm
		Gesamtlänge des Wagens	etwa 6900 mm
Fahrgestell:		Gesamtbreite des Wagens	etwa 2170 mm
Radstand	4500 mm	Gesamthöhe des Wagens (bis	
Bruttotragfähigkeit (Aufbau und		Oberkante Führerhaus im be-	
Nutzlast)	4000 kg	lasteten Zustand)	etwa 2090 mm
Spurweite vorn und hinten	1619 u. 1562 mm	Gewicht des fahrfertigen	
Gewicht des betriebsfertigen		Wagens mit normaler Brücke	
Fahrgestells	etwa 2600 kg	ohne Sonderausrüstung	etwa 3300 kg
Bereifung [1] (normal)	7,25—20	Nutzlast	3000—3300 kg
Höchstgeschwindigkeit (je nach		Zulässiges Gesamtgewicht des	
Hinterachsuntersetzung)	etwa 46/57/69 km/Std.	Fahrzeuges	6600 kg

[1] Weitere Reifengrößen s. Tabelle 2   [2] Weitere Maße s. Tabelle 1

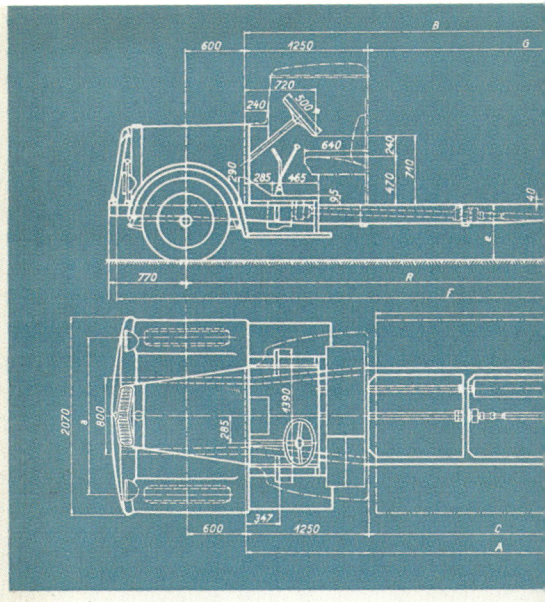

226300

FAHRGESTELL-MASSE:

Tabelle 1, Maße in mm

A	B	C	D	E Brückenlänge
5530	3900	2650	1630	4200
6330	4400	3150	1930	5000
Zulässiges Gesamtgewicht: 6600 kg				Zuv Zuv

Tabelle 2, Maße in mm

Felgen	Bereifung	Breite über Hint. Reifen „c"	Rahmenoberk Unterkante „d"
6" — 20	7,25 — 20	1992	340
6" — 20	7,50 — 20	2007	340
6" — 20	190 — 20	2011	340
6" — 20	210 — 20	2029	370

Bodenspur vorne „a" = 1619

Allgemeine Ausrüstung

Geschlossenes, geräumiges Drei-Personen-F
polsterung. Kurbelfenster. Leicht ausstellbare
Anlasseranlage mit 2 Batterien von je 90 Amp
schutz. Elektrischer Scheibenwischer. 2 gro
lichtern. Schlußlampe mit Stop-Licht. Handl
Kilometerzähler. Rückblickspiegel. Kühlwasser
stäben. M.A.N.-Kühlerverschraubung. Reichl

An der Armaturentafel befinden sich: der Heb
Motors, ferner ein Öldruckmesser und der S
Lenkrad sind sehr bequem zugänglich angebr
den Winker und der Signalknopf zum Boschho

Maschinenfabrik Augsbu

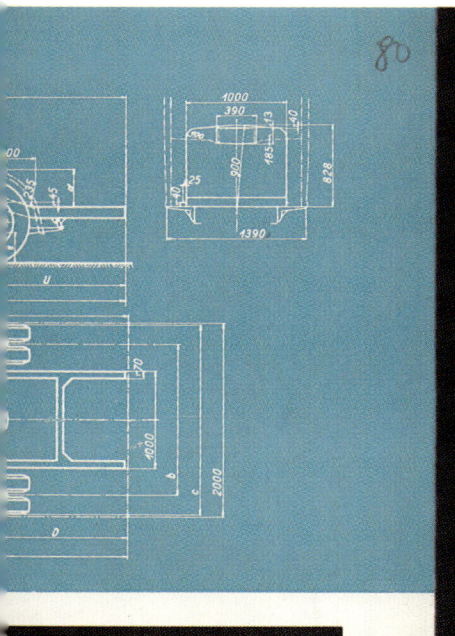

D 221716

M·A·N-DIESEL
Schnell-Lastwagen
TYP Z2

	G	R Radstand	U Überhang	X Schwerpunkts-Abstand
	4050	4500	1400	465
	4600	5000	1450	565

achsdruck: 2200 kg
achsdruck: 4400 kg

n bis Rahmen-e belastet „e"	Bodenfreiheit unter Hinterachse	Bodenfreiheit unter Vorderachse
636	283	264
643	290	271
642	289	270
655	302	283

Mittelspur hinten „b" = 1562

riebsfertigen Wagens:

itzkissen und Rückenlehne mit Leder-
eibe. Vollständige elektrische Licht- und
ktrisches Signalhorn. Winker mit Blend-
er mit Abblendvorrichtung und Stand-
urentafel-Beleuchtung. Tachometer mit
er. Vordere Stoßstange mit Begrenzungs-
eug.

zzeitverstellung, Knopf zum Abstellen des
r die elektrischen Apparate. Auf dem
chalter für Abblendung, der Schalter für
erbeten an unsere Büros oder an

berg ᴬᴳ **Werk Nürnberg**

MASCHINENFABRIK AUGSBURG-NÜRNBERG A.-G. WERK NÜRNBERG

Der M. A. N. - Diesel - Schnellastwagen Typ Z 2 wurde in Weiterentwicklung unserer bewährten Z-Bauart geschaffen.

Diese Bauart hat sich nicht nur im Inland, sondern auch unter den schwierigsten Wegverhältnissen des überseeischen Auslandes als unbedingt zuverlässig erwiesen und gilt als vorbildliches Erzeugnis deutscher Wertarbeit.

Außer auf der robusten, in jeder Einzelheit auf harte Beanspruchung berechneten Gesamtausführung beruht die anerkannte Zuverlässigkeit der M.A.N.-Wagen besonders auf 2 Merkmalen: dem M.A.N.-Dieselverfahren und der M.A.N.-Hinterachse.

Das M.A.N.-Dieselverfahren gründet sich auf umfassende Erfahrung (bekanntlich wurde gegen Ende des vorigen Jahrhunderts im Werk Augsburg der M.A.N. in Zusammenarbeit mit Rudolf Diesel der Dieselmoter geschaffen). Durch die direkte Einspritzung des Brennstoffes in den Verbrennungsraum erzielt dieses Verfahren einen auf keine andere Weise erreichbaren niederen Gasölverbrauch und sofortiges Anspringen ohne jedes Hilfsmittel. Durch die an den Verbrennungsraum angeschlossene Luftkammer wird das Brennstoffluftgemisch innig verwirbelt, sodaß es unter vollkommener Ausnützung seines Energiegehaltes rauch- und geruchlos verbrennt.

Die M.A.N.-Hinterachse ist durch die klare Trennung von Tragachse und Triebwerk gekennzeichnet. Diese Bauart verringert die unabgefederten Massen und ermöglicht auf einfachste Weise das Ausbauen des Ausgleichgetriebes. Genaue Beschreibung nebenstehend.

Zusammengefaßt ergeben sich folgende

Vorteile des M. A. N.-Wagens Typ Z 2:

1. Robuster unempfindlicher Sechszylinder - Dieselmotor, hohes Drehmoment. Große Kraftreserve. Geringer im M. A. N. - Dieselverfahren begründeter Gasölverbrauch. Rasches Anspringen ohne jede Hilfseinrichtung.

2. Einfache übersichtliche Bauart des Fahrgestelles, geringe Bauhöhe.

3. Geringes Eigengewicht.

4. Leichte ungeteilte Hinterachse, Tragachse und Triebwerk getrennt beansprucht.

5. Geringes Gewicht der unabgefederten Massen; tiefe Schwerpunktslage, hervorragende Fahreigenschaften.

6. Übertragung der Schub- und Bremskräfte durch die Federn; plötzliche Stöße werden im Gegensatz zur Übertragung durch Schubkugel oder Schubgabel weich abgefangen.

7. Niedriger Reifenverbrauch.

8. Leichte Wartung und Pflege.

9. Alle Einzelteile reichlich bemessen. Großer Laderaum. Lange Lebensdauer. Niedrige Abschreibung. Kleines Reparaturkonto.

Technische

Motor:

M. A. N. - 80 - PS - Sechszylin
Dieselmotor, Typ D 0530 (
schreibung in Sonderdrucksch
einfach im Aufbau – zugzäh d
dem hohen von der Drehzahl
nahe unabhängigen Drehmom
– geringer Gasölverbrauch
sofortiges Anspringen auch
Kälte durch das M. A. N. - Die
verfahren der direkten Einspritz
des Brennstoffes mit angesch
sener Luftkammer.

Vorderachse, Lenku

Kräftige Faustachse, großer
schlagwinkel der Räder, spiel
leichte Lenkung u. hervorrage
Wendigkeit, Sicherheitslenk
vollständig mit Hartgummi ü
zogen.

3—3¹/₃ t Nutzlast

4000 kg Rahmentragfähigkeit

80-PS-6-Zylinder-Diesel-Motor

Hinterachse:

M. A. N. - Hinterachsbauart, gekennzeichnet durch die Trennung von Tragachse und Triebwerk. Die Tragachse ist aus einem Stück Chrom-Molybdän-Stahl im Gesenk geschmiedet. Die Antriebskraft wird von der Gelenkwelle über das Ausgleichgetriebe (Kegelräder mit Bogenverzahnung) mittels Seitenwellen und Stirnradnabenantrieb auf die Räder übertragen. Das Gesamttriebwerk ist staub- und wasserdicht gekapselt und leicht zugänglich. Durch diese Bauart wird eine Verringerung der unabgefederten Massen und somit niedriger Reifenverbrauch erzielt.

pplung und Getriebe:

empfindliche Zweischeiben-ckenkupplung. Leichtes und äuschloses Schalten. Am Motor eflanschtes Vierganggetriebe. Wunsch Fünfgangspiralgetriebe.)

Gelenkwellen:

Kraftübertragung durch zentral gelagerte und gut ausgewuchtete Rohrwellen mit ölgeschmierten Gelenken.

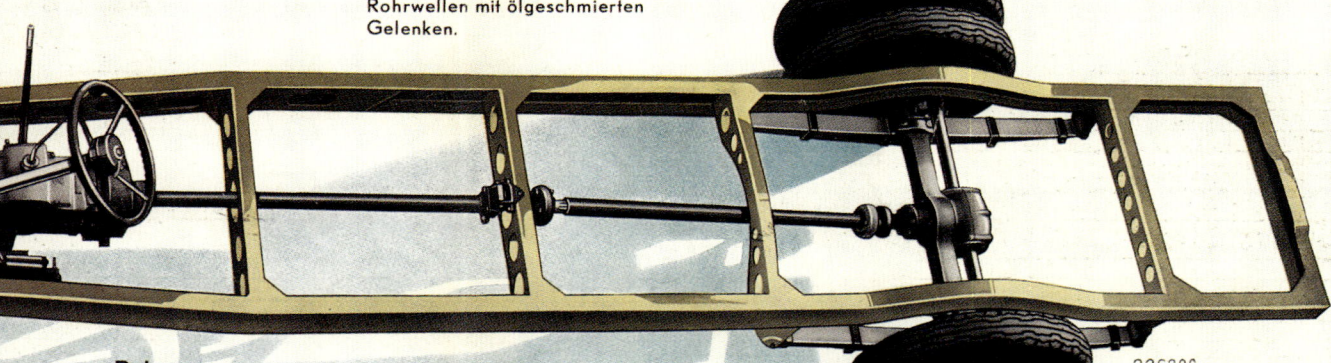

226299

Rahmen:

Widerstandsfähiges Fischbauchprofil aus Baustahl gepreßt. Verwindungsfeste Verbindung der Längs- und Querträger. Rahmen über der Hinterachse gekröpft, hohe Festigkeit.

Federung:

Weiche Federung durch lange und breite Blattfedern aus ölgehärtetem Mangan-Siliziumstahl. Hinterfedern zur Aufnahme der Schub- und Bremskräfte vorne, Vorderfedern zur Aufnahme der Bremskräfte hinten fest am Rahmen aufgehängt.

Bremsen:

Vierradöldruckbremse, Ate-Lockheed. Die Bremsen sind bequem nachstellbar; der Belag kann ohne Abnahme der Radnaben leicht ausgewechselt werden.

Handbremse auf das Getriebe wirkend dient als Feststellbremse.

M·A·N-DIESEL

Zweiachs-
Schwerstlastwagen

D 22 1639

M·A·N
DIESEL

IK·20911

Rahmentragfähigkeit 7500–9000 kg*

Nutzlast . . . . 6500–8000 kg*

Motorleistung . . . . . . 150 PS

*Deutschland begrenzt durch gesetzliches Höchstgewicht von 13 t

TYP F4

F4 ZW
SC
LA

Die M.A.N. legt größten Wert auf kräftige Ba
Beanspruchungen standhält und durch lang
Dieser Baugrundsatz erwarb den M.A.N.-W
großer Wirtschaftlichkeit.
Der neue Typ F₄ führt diese Tradition fort.
Die bewährten M.A.N.-Baumerkmale wu
geringem Eigengewicht gestattet die volle
Höchstgewichtes; der robuste 150 PS-Di
Beschleunigungsvermögen hohe Durch

KENNZEICHEN DE

Fahrgestell:

1. Einfache, übersichtliche Ba
2. Hohe Tragfähigkeit bei nie
3. Hochwertige geprüfte W
   Lebensdauer, niederes R
4. M.A.N.-Hinterachse: Tr
5. Geringes Gewicht der v
6. Bosch-Druckluftbrems

Motor:

7. Unempfindlicher ro
   M.A.N.-Dieselverfa
8. Geringer Gasölve
9. Sofortiges Anspr
10. Völlig rauchlose
11. Auswechselbar

Maschiner

7 G 10

Technische Einzelheiten:

Rahmen:
Einfach und klar im Aufbau; kräftige Ausführung aus Baustahl gepreßt. Längsträger im Fischbauch-profil; starke Querträger versteifen den Rahmen und sichern hohe Widerstandsfähigkeit. Vorderer Rahmenabschnitt als Kastenträger ausgebildet, in dem der Motor schwingungsfrei hängt. Die seitlich zurückgezogenen Stoßstangen ermöglichen kleinen Drehkreishalbmesser und geben dem F4-Wagen die geschlossene wuchtige Stirnform, die der äußere Ausdruck seiner Leistungsfähigkeit ist.

Motor:
Zugzäher M. A. N. 150 PS 6-Zylinder-Dieselmotor, 13,3 l Hubvolumen, 1700 U/min. (Genaue Be-schreibung in Sonderdruckschrift). M. A. N.-Dieselverfahren, auf Grund 40 jähriger Erfahrungen ent-wickelt. (Bekanntlich wurde in Werk Augsburg in Zusammenarbeit mit Rudolf Diesel der erste Diesel-motor der Welt gebaut.) Unempfindlich, sparsam, vollkommene Verbrennung. Sofortiges Anspringen bei jedem Wetter, auch nach kalten Nächten, ohne empfindliche Hilfsmittel, wie Glühkerzen u. a.

Kupplung:
Zweischeiben-Trockenkupplung mit nachstellbaren Federn. Unempfindlich, geringe Wartung, weiches stoßfreies Arbeiten, leichtes geräuschloses Schalten. Federnde nachstellbare Kupplungsbremse. Doppel-Kardan-Gelenk zwischen Kupplung und Getriebe, Kupplung unbehindert ausbaubar.

ACHS-
WERST-
TWAGEN

eine Ausführung, die auch harten
er geringe Abschreibung zuläßt.
uf unbedingter Zuverlässigkeit und

entwickelt; die hohe Tragfähigkeit bei
des für Zweiachser gesetzlich zulässigen
ot durch sein zähes Durchzieh- und sein
windigkeiten.

s F4:

Wartung und Pflege.
engewicht.
lle Einzelteile reichlich bemessen, lange
nto.
d Triebwerk getrennt beansprucht.
rten Massen: niedriger Reifenverbrauch.
ße Bremsflächen.

S 6-Zylinder-Dieselmotor.
e Einspritzung mit Luftkammer.
bei tiefen Temperaturen, ohne Hilfsmittel.
lose Verbrennung.
nderbüchsen.

ugsburg-Nürnberg A. G. • Werk Nürnberg

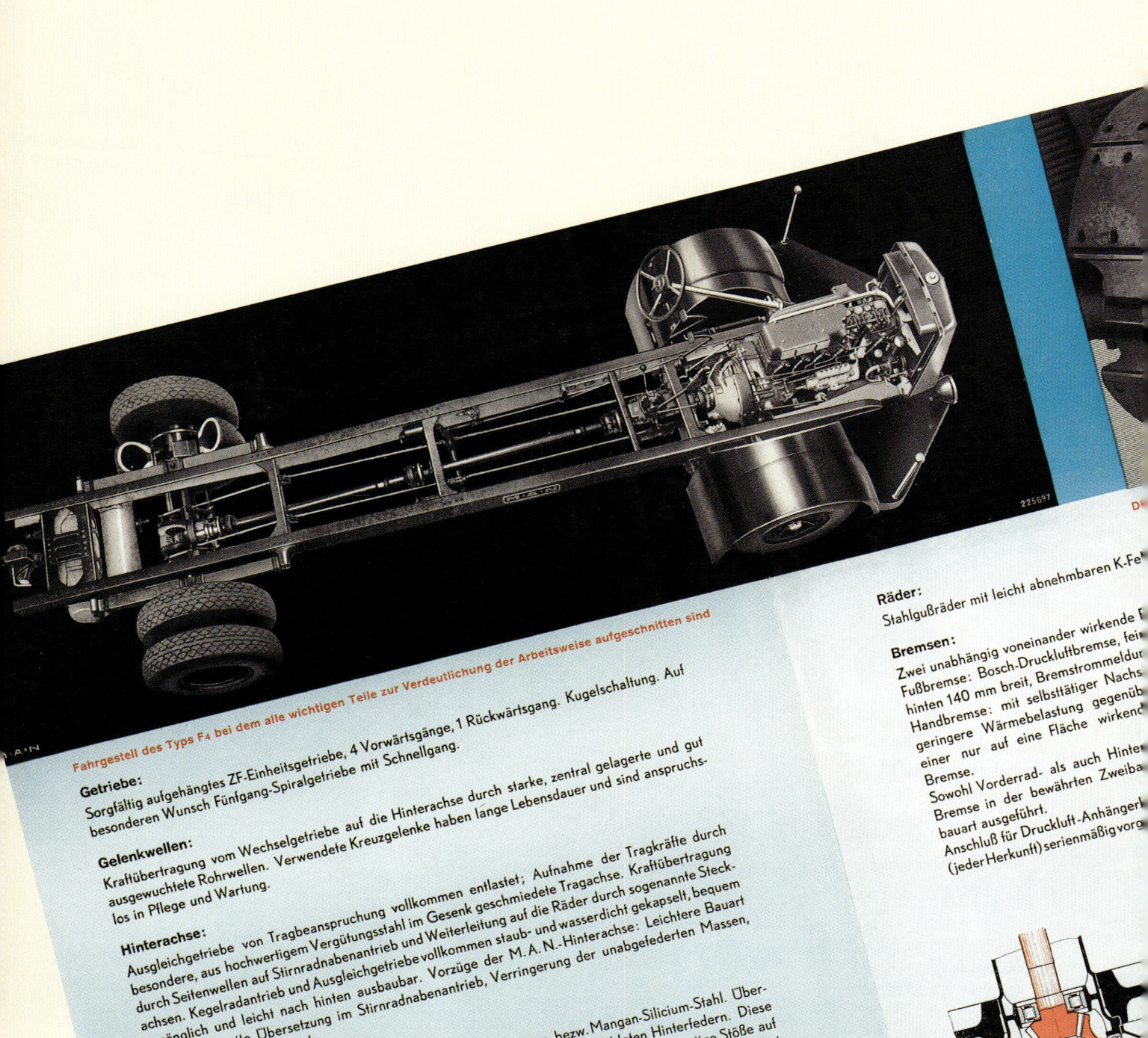

Fahrgestell des Typs F4 bei dem alle wichtigen Teile zur Verdeutlichung der Arbeitsweise aufgeschnitten sind

Getriebe:
Sorgfältig aufgehängtes ZF-Einheitsgetriebe, 4 Vorwärtsgänge, 1 Rückwärtsgang. Kugelschaltung. Auf besonderen Wunsch Fünfgang-Spiralgetriebe mit Schnellgang.

Gelenkwellen:
Kraftübertragung vom Wechselgetriebe auf die Hinterachse durch starke, zentral gelagerte und gut ausgewuchtete Rohrwellen. Verwendete Kreuzgelenke haben lange Lebensdauer und sind anspruchslos in Pflege und Wartung.

Hinterachse:
Ausgleichgetriebe von Tragbeanspruchung vollkommen entlastet; Aufnahme der Tragkräfte durch besondere, aus hochwertigem Vergütungsstahl im Gesenk geschmiedete Tragachse. Kraftübertragung durch Seitenwellen auf Stirnradnabenantrieb und Weiterleitung auf die Räder durch sogenannte Steckachsen. Kegelradantrieb und Ausgleichgetriebe vollkommen staub- und wasserdicht gekapselt, bequem zugänglich und leicht nach hinten ausbaubar. Vorzüge der M.A.N.-Hinterachse: Leichtere Bauart durch die zweite Übersetzung im Stirnradnabenantrieb, Verringerung der unabgefederten Massen, niedriger Gummiverbrauch.

Federung:
Lange und breite Blattfedern aus ölgehärtetem Chrom-Vanadium- bezw. Mangan-Silicium-Stahl. Übertragung der Antrieb- und Bremskräfte durch die dafür besonders ausgebildeten Hinterfedern. Diese weiche Übertragung vermeidet im Gegensatz zu Schubkugel oder Schubgabel schlagartige Stöße auf den Rahmen und deren Rückwirkung auf die Hinterachse. Sie bewährt sich seit vielen Jahren selbst bei den schwersten M.A.N.-Wagen ausgezeichnet.

Räder:
Stahlgußräder mit leicht abnehmbaren K-Fe

Bremsen:
Zwei unabhängig voneinander wirkende B
Fußbremse: Bosch-Druckluftbremse, fei
hinten 140 mm breit, Bremstrommeldur
Handbremse: mit selbsttätiger Nachst
geringere Wärmebelastung gegenüb
einer nur auf eine Fläche wirkend
Bremse.
Sowohl Vorderrad- als auch Hinter
Bremse in der bewährten Zweiba
bauart ausgeführt.
Anschluß für Druckluft-Anhängerl
(jeder Herkunft) serienmäßig vorg

Schema der
Sch
Rot

Hinterachse des Typs F4

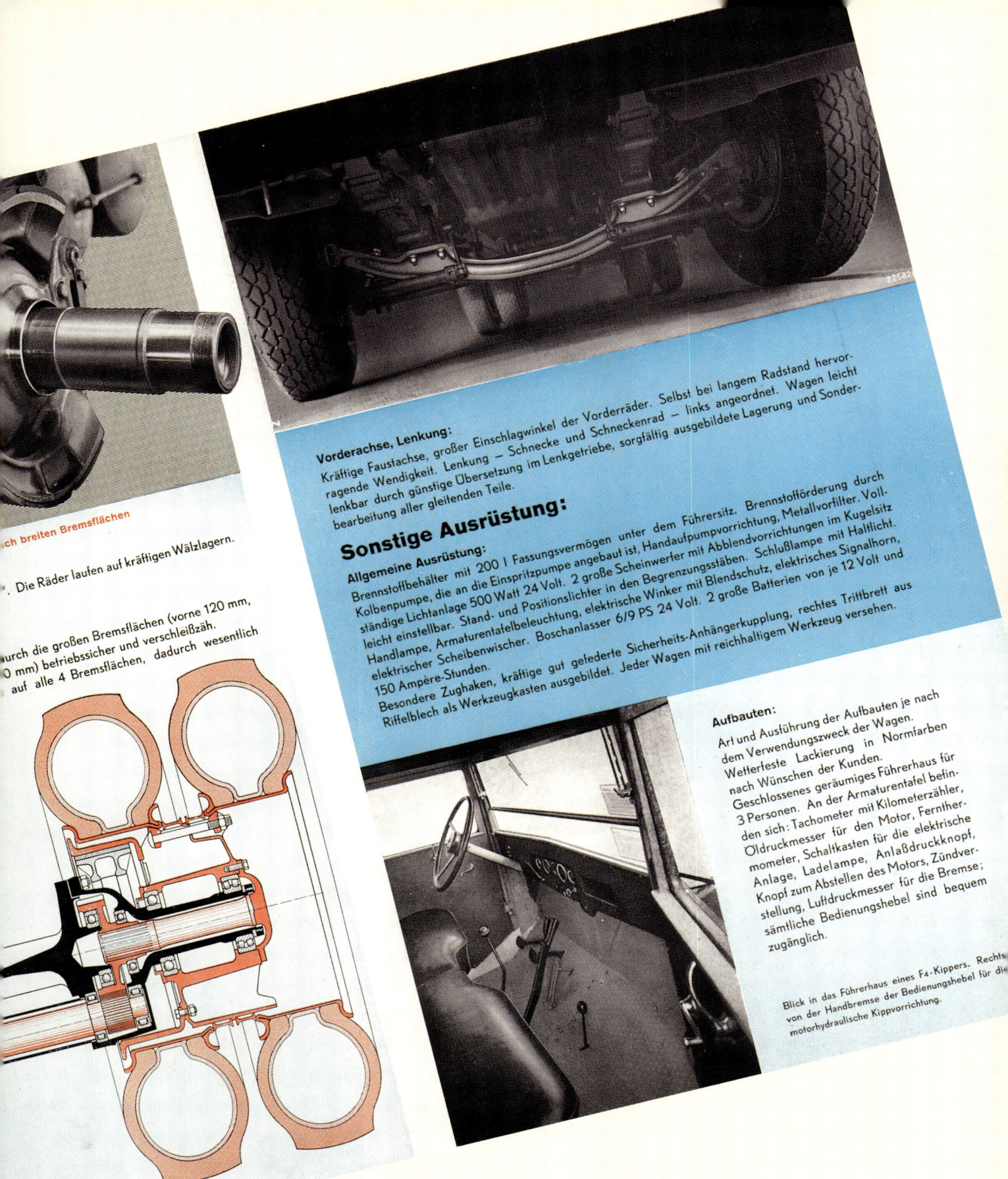

durch breiten Bremsflächen

. Die Räder laufen auf kräftigen Wälzlagern.

...urch die großen Bremsflächen (vorne 120 mm, ...0 mm) betriebssicher und verschleißzäh. ...auf alle 4 Bremsflächen, dadurch wesentlich

...der Tragkräfte
...es Drehmoments

Vorderachse, Lenkung:

Kräftige Faustachse, großer Einschlagwinkel der Vorderräder. Selbst bei langem Radstand hervorragende Wendigkeit. Lenkung – Schnecke und Schneckenrad – links angeordnet. Wagen leicht lenkbar durch günstige Übersetzung im Lenkgetriebe, sorgfältig ausgebildete Lagerung und Sonderbearbeitung aller gleitenden Teile.

Sonstige Ausrüstung:

Allgemeine Ausrüstung:

Brennstoffbehälter mit 200 l Fassungsvermögen unter dem Führersitz. Brennstofförderung durch Kolbenpumpe, die an die Einspritzpumpe angebaut ist, Handaufpumpvorrichtung, Metallvorfilter. Vollständige Lichtanlage 500 Watt 24 Volt. 2 große Scheinwerfer mit Abblendvorrichtungen im Kugelsitz leicht einstellbar. Stand- und Positionslichter in den Begrenzungsstäben. Schlußlampe mit Haltlicht. Handlampe, Armaturentafelbeleuchtung, elektrische Winker mit Blendschutz, elektrisches Signalhorn, elektrischer Scheibenwischer. Boschanlasser 6/9 PS 24 Volt. 2 große Batterien von je 12 Volt und 150 Ampère-Stunden.

Besondere Zughaken, kräftige gut gefederte Sicherheits-Anhängerkupplung, rechtes Trittbrett aus Riffelblech als Werkzeugkasten ausgebildet. Jeder Wagen mit reichhaltigem Werkzeug versehen.

Aufbauten:

Art und Ausführung der Aufbauten je nach dem Verwendungszweck der Wagen. Wetterfeste Lackierung in Normfarben nach Wünschen der Kunden. Geschlossenes geräumiges Führerhaus für 3 Personen. An der Armaturentafel befinden sich: Tachometer mit Kilometerzähler, Öldruckmesser für den Motor, Fernthermometer, Schaltkasten für die elektrische Anlage, Ladelampe, Anlaßdruckknopf, Knopf zum Abstellen des Motors, Zündverstellung, Luftdruckmesser für die Bremse; sämtliche Bedienungshebel sind bequem zugänglich.

Blick in das Führerhaus eines F4-Kippers. Rechts von der Handbremse der Bedienungshebel für die motorhydraulische Kippvorrichtung.

M.A.N.-Diesel-Lastwagen Typ F₄
mit normaler Brücke

M.A.N.-Diesel-Lastwagen Typ F₄
Brücke mit Plane auf Tragstangengestell

Typ F₄ mit motorhydraulischer
Dreiseitenkippvorrichtung

M·A·N-DI

EL-Schwerstlastwagen Typ F₄

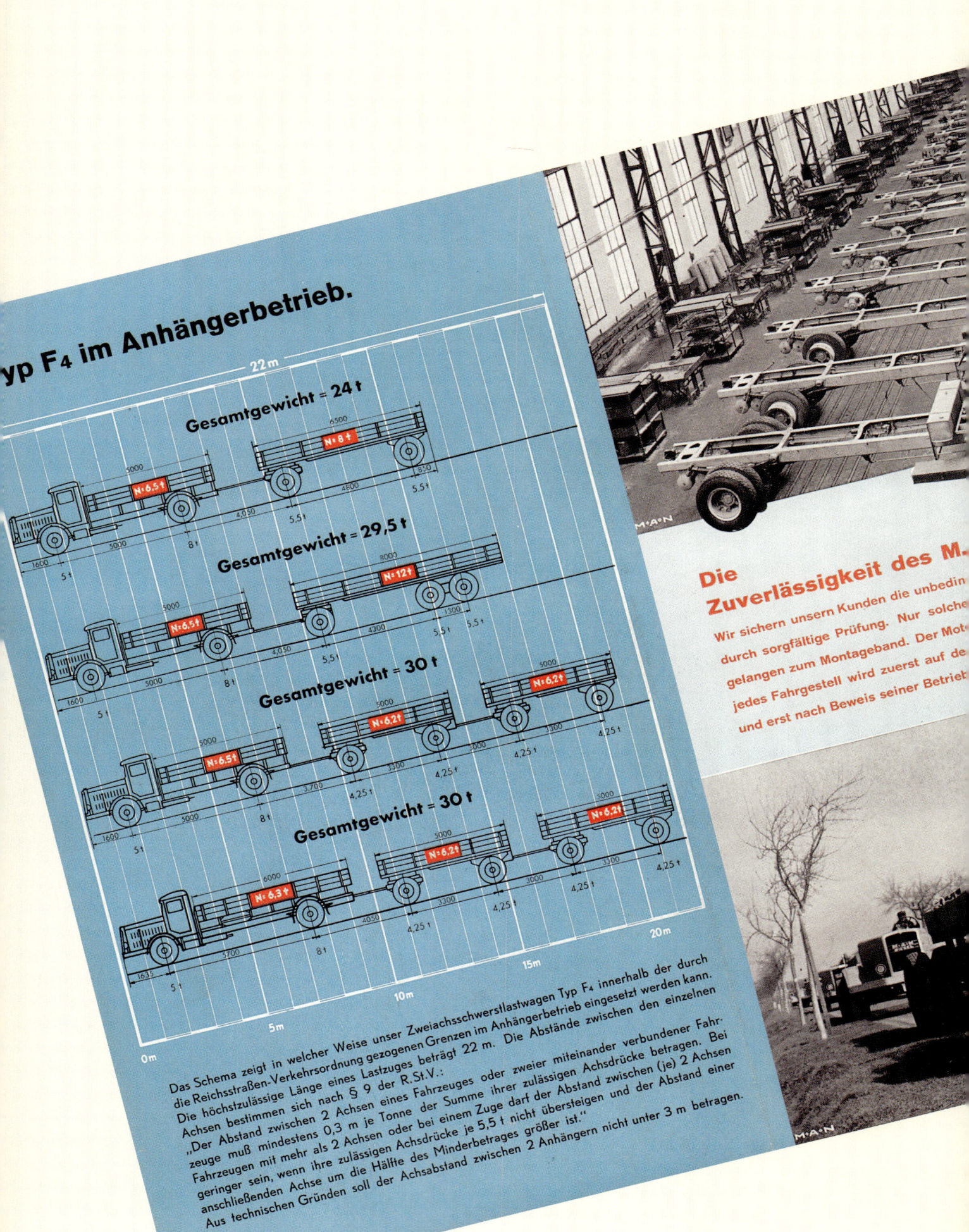

Typ F₄ im Anhängerbetrieb.

Gesamtgewicht = 24 t

Gesamtgewicht = 29,5 t

Gesamtgewicht = 30 t

Gesamtgewicht = 30 t

Das Schema zeigt in welcher Weise unser Zweiachsschwerstlastwagen Typ F₄ innerhalb der durch die Reichsstraßen-Verkehrsordnung gezogenen Grenzen im Anhängerbetrieb eingesetzt werden kann. Die höchstzulässige Länge eines Lastzuges beträgt 22 m. Die Abstände zwischen den einzelnen Achsen bestimmen sich nach § 9 der R.St.V.:

„Der Abstand zwischen 2 Achsen eines Fahrzeuges oder zweier miteinander verbundener Fahrzeuge muß mindestens 0,3 m je Tonne der Summe ihrer zulässigen Achsdrücke betragen. Bei Fahrzeugen mit mehr als 2 Achsen oder bei einem Zuge darf der Abstand zwischen (je) 2 Achsen geringer sein, wenn ihre zulässigen Achsdrücke je 5,5 t nicht übersteigen und der Abstand einer anschließenden Achse um die Hälfte des Minderbetrages größer ist."

Aus technischen Gründen soll der Achsabstand zwischen 2 Anhängern nicht unter 3 m betragen.

Die Zuverlässigkeit des M.

Wir sichern unsern Kunden die unbedin
durch sorgfältige Prüfung. Nur solche
gelangen zum Montageband. Der Mot
jedes Fahrgestell wird zuerst auf de
und erst nach Beweis seiner Betrieb

Maße · Gewichte · Leistungen

Fahrgestell

Motor	Typ D 3555
Leistung	150 PS
Zylinderzahl	6
Bohrung	135 mm
Hub	155 mm
Hubvolumen	13,3 l
Drehzahl	1700/min.
Drehmoment	65 mkg

Rahmen-tragfähigkeit 7500–9000 kg)**

	normal	verlängert
Radstand	5000 mm	5700 mm
Spurweite vorne	2060 mm	
Spurweite hinten Mitte	1823 mm	
Gew. d. Fahrgest. etwa	5300 kg	5400 kg
Bereifung normal	11,25-20 (38×9½")	
Übergröße	12,00-20 (40×10")	
Höchstgeschwindigkeit	40 oder 46 km/Std.*)	
(ohne Anhänger)	54 oder 66 km/Std.*)	
Lenkradius am äußeren Vorderrad	8,7 m	

Fahrfertiger Wagen

Nutzlast (je nach Aufbaugewicht) 6500–8000 kg)**
Normaler Tankinhalt 200 l

	normal	verlängert
Brückenlänge (außen)	5000 mm	6000 mm
Brückenbreite	2400 mm	
Brückenhöhe	600 mm	
Ges.-Länge d. Wg.	ca. 8100 mm	ca. 9100 mm
Gesamtbreite	2500 mm	
Wagengewicht etwa	6300 kg	6500 kg
Achsdruck vorne etwa	5000–5500 kg	
Achsdruck hinten	7500–9000 kg	

**) In Deutschland begrenzt durch gesetzliches Höchstgewicht von 13 t.

*) Höhere Geschwindigkeiten nur mit 5 Gang-Schnellgang-Getriebe.

Fahrgestellmaße

R	U	A	B	C	D	E	F	G	H	J	X	r
5000	1430	6315	4800	3585	1515	5000	8065	3275	700	410	~985	8700
5700	1730	7315	5500	4285	1815	6000	9065	3975	800	710	~1185	9700
4500	1290	5730	4300	3085	1430	4400	7425	2175	600	–	~780	~8150
3900 Sattel-Schlepper	1130	–	–	3700	2485	–	6665	2175	600			~7350

Zulässiger Vorderachsdruck: 5 000 kg
Zulässiger Hinterachsdruck: 8 000 -
Zulässiges Gesamtgewicht: 13 000 -
In Deutschland durch gesetzl. Höchstwerte begrenzt!

Zulässiger Vorderachsdruck: 5 500 kg
Zulässiger Hinterachsdruck: 9 000 -
Zulässiges Gesamtgewicht: 14 500 -
Nur für Ausland!

Felgen	Bereifung	Breite über die Hinterreifen "a"	Fußboden bis Rahmen-Oberkante, belastet "b"	Bodenfreiheit unter der Vorderachse "c"	Bodenfreiheit unter der Hinterachse "d"
9"-20 u. 10"-20	11,25-20 38×9½	2460	~870	~263	~338
9"-20 u. 10"-20	12,00-20 40×10	2476	~885	~278	~353

Wagens ist geprüft

...ssigkeit eines jeden M.A.N.-Wagens
...die jede Prüfung bestanden haben,
...dem Prüfstand gewissenhaft erprobt;
...d geprüft, dann gründlich eingefahren
...t zum Aufbau freigegeben.

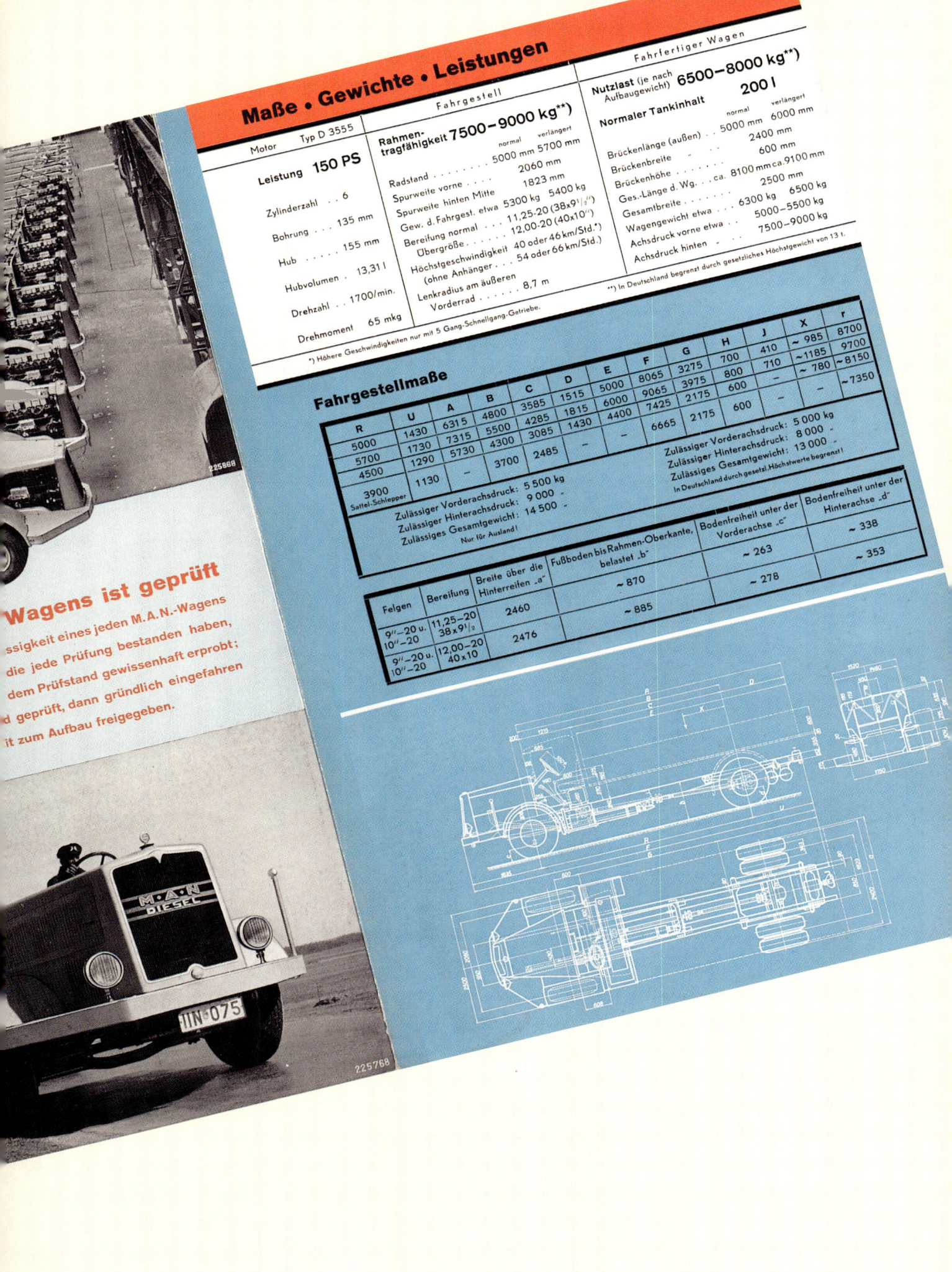

MAN·DIESEL

Zweiachs-
Schwerst-Lastwagen

TYP (F₄)

IIA-21753

Motor Typ D 3555	Fahrgestell			Fahrfertiger Wagen		
		normal	verlängert		normal	verlängert
Zylinderzahl . 6	Radstand	5000 mm	5700 mm	Brückenlänge, (außen)	5000 mm	6000 mm
	Spurweite vorne . .	2060 mm		Brückenbreite „	2400 mm	
Bohrung . . 135 mm	Spurweite hinten . .	1823 mm		Brückenhöhe	600 mm	
	Gew. d. Fahrgest. etwa	5300 kg	5400 kg	Ges.-Länge d. Wg. ca.	8100 mm	ca. 9100 mm
Hub . . . . 155 mm	Bereifung normal . .	11,25–20 (38×9½")		Gesamtbreite	2500 mm	
	Uebergröße . . .	12,00–20 (40× 10")		Wagengewicht etwa	6300 kg	6500 kg
Hubvolumen . 13,31 l	Höchstgeschwindigkeit	40 oder 46 km/Std. *)		Achsdruck vorne etwa	5000–5500 kg	
	(ohne Anhänger .	54 oder 66 km/Std.)		Achsdruck hinten „	7500–9000 kg	
Drehzahl . . 1700/min.	Lenkradius am äuß.					
	Vorderrad . . .	8,7 m		**Nutzlast** (je nach Aufbaugewicht) **6500–8000 kg****)		
Leistung 150 PS	**Rahmentrag-fähigkeit 7500–9000 kg**)**					

D 22 1584

*) Höhere Geschwindigkeiten nur mit 5-Gang-Schnellgang-Getriebe.
**) In Deutschland begrenzt durch gesetzl. Höchstgewicht von 13 t.

11 F 8

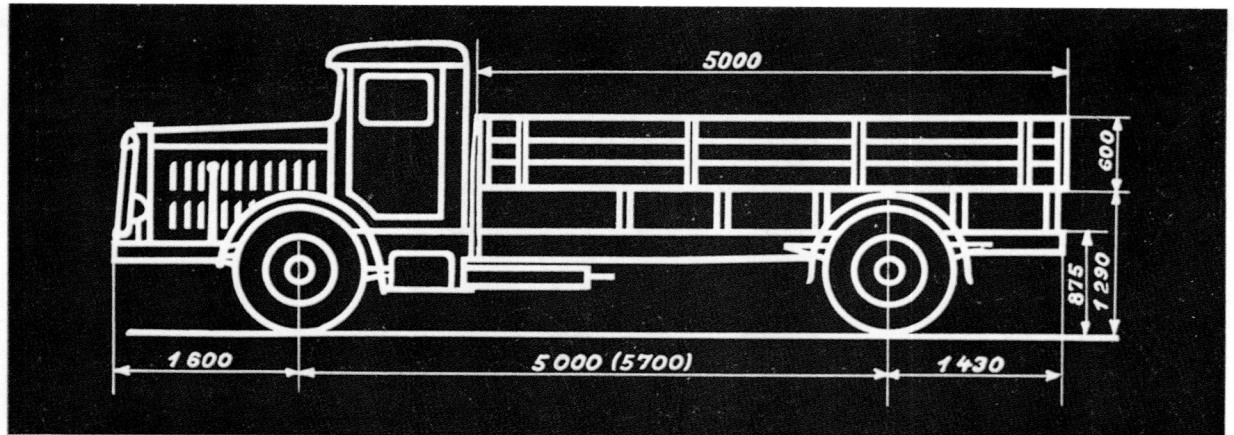

Einzelheiten des M. A. N.-Schwerlastwagens, Typ F 4.

Motor: M. A. N.-Dieselmotor, Typ D 3555, 150 PS/6-Zyl.-Diesel, arbeitet nach dem bewährten M. A. N.-Luftkammer-Verfahren. Ruhiger Lauf, sparsam im Brennstoff- und Schmierölverbrauch. Sechs-Zylinder-Leerlauf. Näheres siehe Sonderdrucksache.

Rahmen: Gerade durchlaufender Stahlblechrahmen, im Fischbauchprofil gepreßt.

Kupplung: Bewährte Zweischeiben-Trockenkupplung.

Getriebe: ZF-Vierganggetriebe, vom Motor getrennt, elastisch aufgehängt. (Fünfgang-Schnellganggetriebe auf Anfrage).

Kraftübertragung: Durch kräftig gelagerte und ausgewuchtete Rohrwellen mit ölgeschmierten Gelenken.

Hinterachse: Bewährte Bauart aus hochwertigem Vergütungsstahl vollständig im Gesenk geschmiedet. Das Triebwerk besteht aus Ausgleichgetriebe, Seitenwellen und Stirnradantrieb der Radnaben; sämtliche Kegelräder sind bogenverzahnt und laufen daher geräuschlos. Das gesamte Triebwerk ist staub- und wasserdicht gekapselt und leicht zugänglich. Geringe unabgefederte Massen, daher niedriger Reifenverbrauch. Große Bodenfreiheit unter der Hinterachse.

Vorderachse, Lenkung: Kräftige Faustachse, großer Einschlagwinkel der Räder, leichte Lenkung, hervorragende Wendigkeit.

Federung: Lange und breite Blattfedern aus ölgehärtetem Chrom-Vanadium bezw. Mangan-Silizium-Stahl: weiche Federung. Die Hinterfedern nehmen mit ihrer festen vorderen Aufhängung die Antriebskraft auf: weiche Kraftübertragung.

Räder: Stahlgußräder mit leicht abnehmbaren „K"-Felgen, 9"—20".

Bremsen: Große breite Bremsflächen, vorne 120 mm breit, hinten 140 mm breit, Bremstrommel-Durchmesser 440 mm. Fußbremse: Druckluftbremse Bauart Bosch, fein abstufbar, Uebertragung der Bremskräfte durch die bewährte M. A. N.-Gestängebauart. Nachstellen der Bremsen nur selten notwendig.

Handbremse wirkt ebenso wie Fußbremse auf alle vier Räder, daher große Bremswirkung und Verteilung der auftretenden Bremswärme auf die gesamte Bremsfläche.

Anschluß für Anhängerbremse.

Allgemeine Ausrüstung des betriebsfertigen Wagens:

Kühler in neuester Form, halbspitz nach hinten geneigt, mit Schutzgitter und Chromzierleiste

Geschlossenes geräumiges Führerhaus für 3 Personen

2 Türen mit Kurbelfenstern

Ausstellbare Windschutzscheibe

Elektrischer Winker mit Blendschutz

Elektrisches Signalhorn

Elektrischer Scheibenwischer

2 große Scheinwerfer mit Abblendvorrichtung, im Kugelsitz leicht einstellbar

Stand- und Positionslichter in den Begrenzungsstäben

Schlußlampe mit Haltlicht

Handlampe

Armaturentafel-Beleuchtung

Lichtmaschine 500 Watt, 24 V, 2 Batterien von je 12 V. und je 150 Amp/Std.

An der Armaturentafel befinden sich:

Tachometer mit Kilometerzähler

Oeldruckmesser für den Motor

Fernthermometer

Schaltkasten für die elektr. Anlage

Knopf zum Abstellen des Motors

Zündverstellung

Luftdruckmesser für die Bremse.

Sämtliche Bedienungshebel sind bequem zugänglich angebracht

Unfallsichere kräftige Anhängerkupplung

Dreipolige Steckdose für Anhänger

Jedes Fahrzeug wird mit reichhaltigem Werkzeug bester Güte ausgerüstet.

Anfragen erbeten an unsere Büros oder an

MASCHINENFABRIK AUGSBURG-NÜRNBERG A.G.
WERK NÜRNBERG.

Abbildungen und Beschreibungen dieser Druckschrift sind für die Ausführung nicht verbindlich. Änderungen von Konstruktion und Ausrüstung vorbehalten.

111

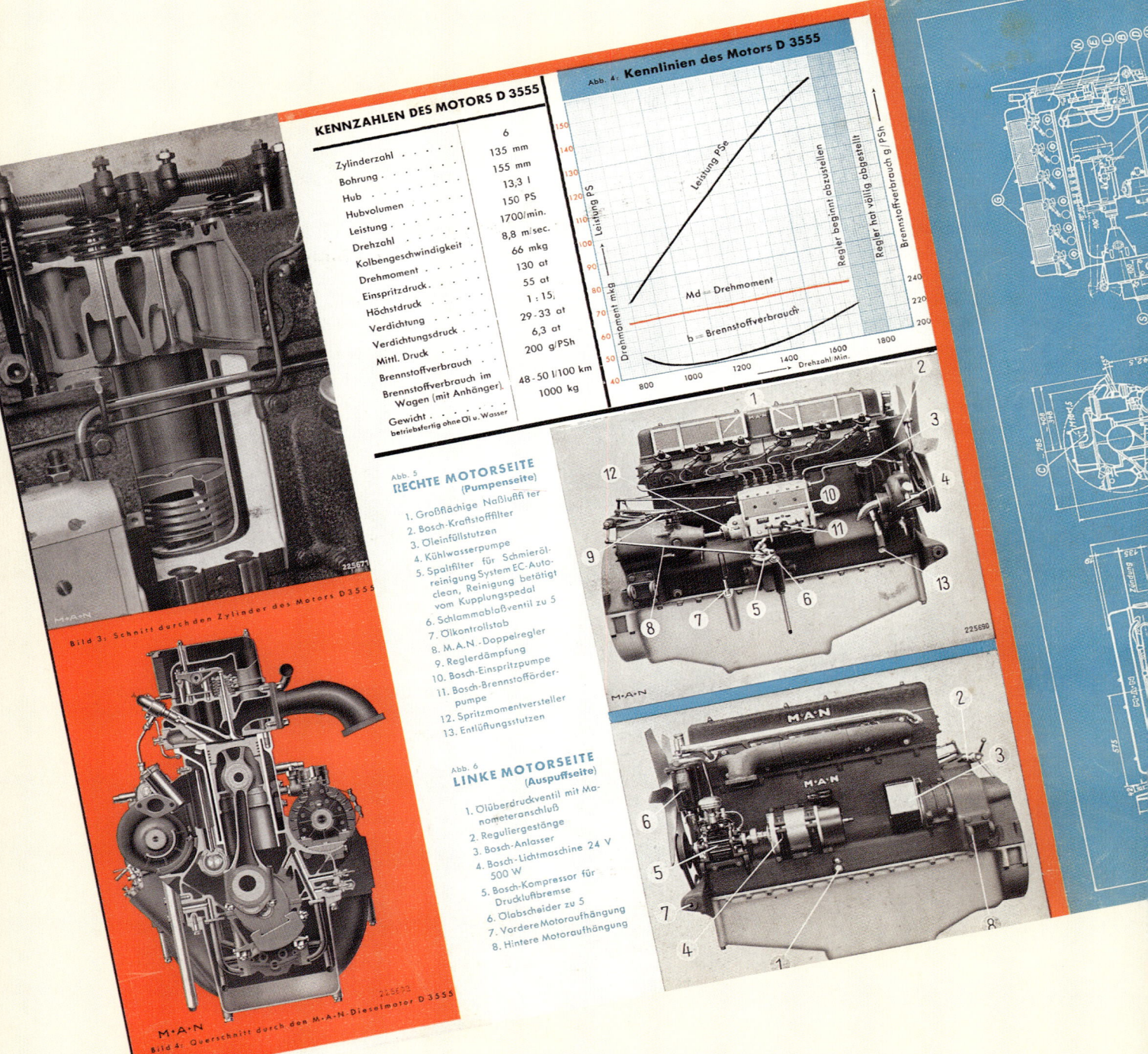

KENNZAHLEN DES MOTORS D 3555

Zylinderzahl	6
Bohrung	135 mm
Hub	155 mm
Hubvolumen	13,3 l
Leistung	150 PS
Drehzahl	1700/min.
Kolbengeschwindigkeit	8,8 m/sec.
Drehmoment	66 mkg
Einspritzdruck	130 at
Höchstdruck	55 at
Verdichtung	1 : 15,
Verdichtungsdruck	29 - 33 at
Mittl. Druck	6,3 at
Brennstoffverbrauch	200 g/PSh
Brennstoffverbrauch im Wagen (mit Anhänger)	48 - 50 l/100 km
Gewicht betriebsfertig ohne Öl u. Wasser	1000 kg

Abb. 4: **Kennlinien des Motors D 3555**

Leistung PSe
Md = Drehmoment
b = Brennstoffverbrauch g/PSh
Regler beginnt abzustellen
Regler hat völlig abgestellt

Abb. 5
RECHTE MOTORSEITE
(Pumpenseite)

1. Großflächige Naßluftfilter
2. Bosch-Kraftstoffilter
3. Öleinfüllstutzen
4. Kühlwasserpumpe
5. Spaltfilter für Schmieröl-reinigung System EC-Auto-clean, Reinigung betätigt vom Kupplungspedal
6. Schlammablaßventil zu 5
7. Ölkontrollstab
8. M.A.N.-Doppelregler
9. Reglerdämpfung
10. Bosch-Einspritzpumpe
11. Bosch-Brennstofförder-pumpe
12. Spritzmomentversteller
13. Entlüftungsstutzen

Abb. 6
LINKE MOTORSEITE
(Auspuffseite)

1. Ölüberdruckventil mit Ma-nometeranschluß
2. Reguliergestänge
3. Bosch-Anlasser
4. Bosch-Lichtmaschine 24 V 500 W
5. Bosch-Kompressor für Druckluftbremse
6. Ölabscheider zu 5
7. Vordere Motoraufhängung
8. Hintere Motoraufhängung

Bild 3: Schnitt durch den Zylinder des Motors D 3555

M·A·N
Bild 4: Querschnitt durch den M·A·N· Dieselmotor D 3555

M·A·N
150 PS *Dieselmotor*

Der neue M. A. N.-150-PS-6-Zylinder-Dieselmotor ist nach den gleichen Grundsätzen entworfen und gebaut, die unseren übrigen Fahrzeug-Dieselmotoren den Ruf der unbedingten Zuverlässigkeit und der Unverwüstlichkeit erwarben. Die guten Eigenschaften beruhen auf den reichen Erfahrungen unserer Firma, die bekanntlich in den Jahren 1893–1897 mit Rudolf Diesel zusammen den ersten Dieselmotor der Welt baute und seither unermüdlich an der Weiterentwicklung dieser Kraftmaschine arbeitet.

Das Ergebnis dieser langen Arbeit ist eine vollkommen ausgereifte Bauart, bei der alle Einzelteile einer hohen Dauerbeanspruchung entsprechend ausgebildet sind, und ein Dieselverfahren, dessen Einfachheit gerade für Fahrzeug-Dieselmotoren außerordentliche Vorteile bietet.

1. SPARSAMKEIT

- Verwendung des billigen Gasöls.
- Geringer Gasölverbrauch durch die direkte Einspritzung, Brennstoffkostenersparnis etwa 70% gegenüber Benzin-Benzolbetrieb.
- Keine Feuergefährlichkeit des Gasöls, daher geringe Garagen- und Versicherungskosten.
- Geringe Reparaturkosten durch die geringere Gesamtbeanspruchung beim M. A. N.-Dieselverfahren und reichliche Bemessung aller lebenswichtigen Triebwerkteile.

2. ZUVERLÄSSIGKEIT

- **Vorzügliches leichtes Anspringen** auch bei Kälte **ohne** Glühkerzen oder sonstige Hilfsmittel.
- Hohe Lebensdauer, da niedere Kolbengeschwindigkeiten, sehr starke Kurbelwelle, kräftige Pleuelstangen und Kolben, Kolbenbolzen usw.
- Verbrennungsvorgang denkbar einfach. Verbrennung praktisch rauch- und geruchlos; Motor wird nicht heiß, gleichmäßige Verteilung der Verbrennungswärme auf den Kolbenböden, daher die hohen Kolbenleistungen der M. A. N.-Motoren.
- Keine empfindlichen Teile wie hitzebelastete Brenner, glühende Innenteile, Glühkerzen usw.
- Großer Aktionsradius durch geringen Gasölverbrauch.

3. GROSSE DURCHZUGSKRAFT

- Das Drehmoment nimmt bei sinkender Drehzahl kaum ab; der Motor ist „zäh im Zug".
- Durch großes Hubvolumen und niedere Drehzahl wird dieses zähe Durchzugsvermögen noch gesteigert.

TECHNISCHE EINZELH

Zylinder
Zylinderblock und Kurbelgehäuse sind aus hochwertigem Spezialgrauguß in einem Stück gegossen; damit ist gegenüber geteilten Ausführungen eine wesentlich erhöhte Festigkeit und Steifheit erreicht. Zur Erleichterung des Abnehmens sind zwei Zylinderköpfe vorgesehen.

Kolben
Langschaftige Kolben aus Leichtmetallegierung (Kokillenguß), geringe Wärmeausdehnung, vier Kompressionsringe, ein Ölabstreifring. Niedrige Kolbengeschwindigkeiten, lange Lebensdauer.

Pleuelstange
Doppel-T-Profil im Gesenk geschmiedet, hochwertig vergüteter Chrom-Molybdän-Stahl, sorgfältig bearbeitet, Lager aus bewährtem, widerstandsfähigem Lagermetall in Stahlschalen.

Kurbelwelle
Die äußerst kräftige Kurbelwelle aus Chrom-Molybdän-Stahl läuft in sieben großen Lagern, die Lagerzapfen sind besonders gehärtet, wodurch die Lebensdauer bei entsprechender Ölpflege praktisch unbegrenzt ist. Die Kurbelwelle läuft im gesamten Drehzahlbereich völlig schwingungsfrei, so daß Schwingungsdämpfer nicht erforderlich sind. Gegengewichte in Verbindung mit sorgfältiger statischer und dynamischer Auswuchtung der Kurbelwelle gewährleisten vollkommene Laufruhe.

Steuerung
Schräg verzahnte geräuscharme Steuerräder. Antrieb von hinten, um vollkommen gleichförmigen, ruhigen Lauf zu erreichen.

Ventile
Hängend angeordnete, untereinander austauschbare Ein- und Auslaßventile aus hitzebeständigem Chromsilizumstahl. Betätigung durch Stoßstangen und Kipphebel.

Einspritzpumpe und Düsen
Bosch-Einspritzpumpe und Bosch-Zapfen-Düsen.

Brennstoff-Förderpumpe
Bosch-Kolbenpumpe mit angebautem Brennstoff-Vorfilter und Handaufpumpvorrichtung zum unabhängigen Füllen der Brennstoff-Druckleitung und des Filters.

Luftfilter
Ölbenetztes Flachfilter, langsamer Luftdurchgan... Schalldämpfung der ... Räume in der Ventilha...

Schmierung
Druckumlaufschmierun... pumpe; zwei völlig g... weg der Kurbelwelle... Nockenwellenlager u... stößel und Führung...

Ölfilter
Spaltfilter mit ... zugänglicher Schl...

Kühlung
Wasserumlauf du... flügel. Pumpe un... keilriemen ang...

Regler
Kombinierter ... 1700 Umdreh... Leerlauf.

Anlasser u...
Die Licht... Keilriemen... trennt ... Strombed... 12-Volt-B... Batterie... kerzen...

Auspuff
Auspuff... spann...

Luftv...
Bei ... wird ... Licht... verk... ma...

BILD 1: DIE GENAU AUSGEWUCHTETE K...

M·A·N

ARBEITSVERFAHREN

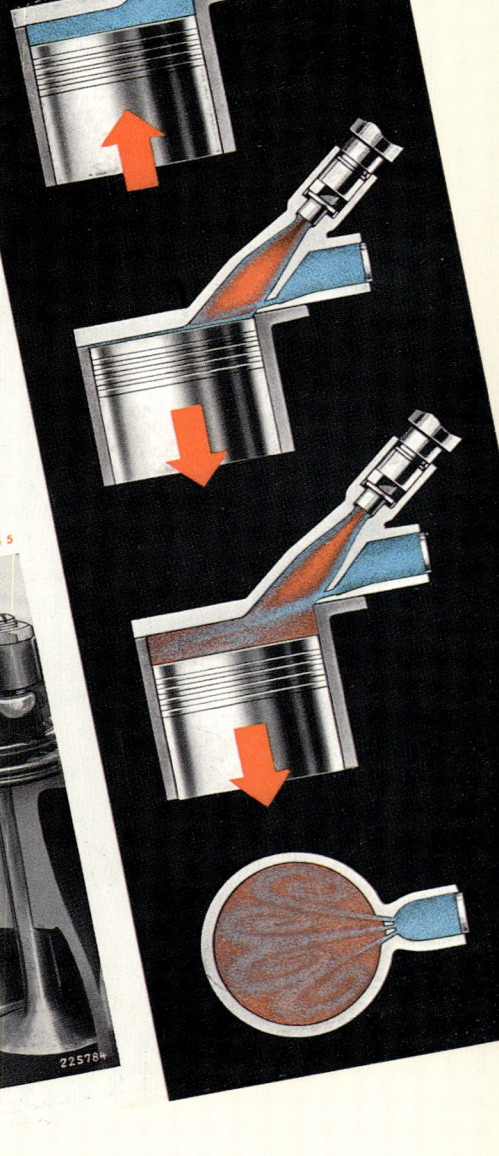

Das aus reicher Erfahrung entwickelte M. A. N.-Dieselverfahren ist in dem neben-stehenden Schema dargestellt. Das erste Bild zeigt einen Schnitt durch den Zylinder, kurz vor Ende des Verdichtungshubes. Die Luft ist im Verbrennungsraum und in der angeschlossenen Luftkammer verdichtet und infolge der Verdichtung heiß. Der Brennstoff wird von der Bosch-Einspritzpumpe durch die Bosch-Zapfendüse direkt in die hoch erhitzte Luft eingespritzt und zündet sofort.

Sobald dann, wie im zweiten Bild dargestellt, der Kolben abwärts zu gehen beginnt, bläst die in der Kammer verdichtete Luft heraus.

Wie das 3. Bild zeigt, treffen Brennstoffstrahl und Luftstrahl aufeinander und verwirbeln und vermengen sich innig. Das Gemisch verbrennt rasch und vollkommen.

Beim M. A. N.-Motor wird also der Brennstoff nicht in die Kammer hinein, sondern an ihr vorbei in den Verbrennungsraum gespritzt. Die Luftkammer dient lediglich als eine Art Blasebalg. Sie gewährleistet durch die Verwirbelung und die stetige Zufuhr der zur Ver-brennung notwendigen Luftmenge praktisch rauch- und geruchlose Verbrennung.

Auf diesem einfachen, verbrennungstechnisch außerordentlich günstigen Verfahren beruhen der ruhige Gang, die vollkommen rauch- und geruchlose Verbrennung, der niedere Gasölverbrauch und die hohen Kolbenleistungen der M. A. N.-Dieselmotoren. 200000 km ohne Kolbenwechsel sind häufig, selbst über 300000 km Kolbenleistung wurde schon in verschiedenen Fällen erreicht.

BILD 2: SCHNITT DURCH DEN VERBRENNUNGSRAUM DES MOTORS D 3555

225784

M·A·N

225957

MAN-Lastwagen ab 1945

Aus dem ab 1945/46 gebauten MAN **MK** entstehen 1950 die Modelle **MK 25** als 5-Tonner und **MK 26** als 6,5-Tonner. Zur optischen Abgrenzung von MK und MK 25/26 kann die Haube und das Fahrerhaus verglichen werden: Beim MK sind Kühlergrill und Frontfenster noch kantiger, bei den Nachfolgern bereits abgerundet. Außerdem werden die vorher vertikalen Lufteinlassschlitze am Seitenblech der Haube durch einen schmalen horizontalen Lufteinlass ersetzt. Zwei Jahre später folgen die Allradversionen **MK 25 A** und **MK 26 A**, ein weiteres Jahr später die Dreiachsversion, die unter der Bezeichnung **MK 25 D** vorwiegend für den Export bestimmt ist. Der MAN **630 L** wird ab 1953 gebaut und gilt als Nachfolger des MK 26. Jetzt wird erstmals eine neuartige Typenbezeichnung verwendet, die mit Ausnahme des F 8 auch bei den weiteren Modellen verwendet wird. Danach zeigt die erste Zahl der dreistelligen Zahlenkombination die Nutzlast, die mittlere und letzte Ziffer zuzüglich Hundert zeigen die Leistung in PS. Bei Betrachtung der gegenüberliegenden Typentabelle läßt sich jedoch feststellen, daß diese Formel nicht immer zum richtigen Ergebnis führt!

Etwa ab 1950 wird die Produktpalette um den **F 8** erweitert. Im Gegensatz zu den bisherigen Modellen kommt hier ein neuartiger V-8-Motor zum Einsatz. Mit einem Hubraum von 11,6 Liter und einer Leistung von 180 PS zählt der F 8 zu den leistungsstärksten Lkw seiner Zeit. Optisch ist der F 8 daran erkennbar, dass die Frontscheinwerfer nicht mehr freistehend, sondern im Kotflügel eingearbeitet sind. Mit zwischenzeitlich kleinen Modifikationen am Fahrerhaus 1953 wird der F 8, zuletzt nur noch für Sonder- und Exportzwecke, bis 1963 gebaut.

Das zweite mit V-8-Motor ausgestattete Modell, der **758 L 1** mit 155 PS, erscheint 1953. Dieses Fahrzeug soll die Modellpalette im Segment der starken Lkw nach unten abrunden, äußerlich ist es kaum vom F 8 unterscheidbar.

Ebenfalls in diesem Jahr erscheint der vorwiegend für Exportzwecke gebaute **830 L** mit einem 130-PS-Sechszylindermotor.

1954 wird der erste Lkw mit Abgasturbolader gebaut. Das unter der Bezeichnung **750 TL 1** verkaufte Modell leistet bei einem Hubraum von 8,3 Liter 155 PS.

Im Zeitraum 1953/54 wird auch der MK 25 vom **515 L 1** abgelöst. Orientiert an der hier stimmigen Zahlenkombination, handelt es sich um einen 5-Tonner mit 115 PS.

Im Jahr 1955 wird erstmals ein Fahrzeug der nachfolgenden Rundhaubergeneration gebaut. Obwohl diese Fahrzeuge zunehmend Einfluss auf die Produktion gewinnen, gibt es Mitte der fünfziger Jahre noch zahlreiche Modellmodifikationen im Eckhauberbereich. Oft sind die Unterscheidungsmerkmale andere Leistungen bei gleichem Motor oder andere Nutzlasten bei gleichem Fahrwerk.

So entstehen im Zeitraum bis 1960 zahlreiche Modelle, wie etwa der **735 L 1**, **745 L 1/L 2** sowie der **860 L 1**, der sowohl als Nachfolger des 758 L 1 als auch des 750 TL 1 verstanden werden kann und deshalb in der Übersicht zwei Mal erscheint.

1956 wird der 515 L 1 durch den **620 L 1** ersetzt, der jetzt wieder, wie ursprünglich der MK 25, 120 PS leistet. Außerdem erscheint im Folgejahr der **750 L 1** und der **745 L 2**.

Die Anteile der Rundhauber-Lkw an der Gesamtproduktion steigen in den ausgehenden fünfziger Jahren kontinuierlich, so dass die Eckhauber allmählich verdrängt werden. Nach 1960 werden nur noch die Modelle F 8 und 750 L 1 in Ausnahmefällen gefertigt.

Übersicht der bedeutendsten Lkw-Modelle ab 1945							
Bezeich-nung	Besonderheiten	Nuzlast	Motortypen-bezeichnung	Motorart	Leistung	Hubraum	Bauzeit
MK		5 Tonnen	D 1040 G	Sechszylinder Direkteinspritzer	120 PS	8 l	1945/46–1950
MK 25		5 Tonnen	D 1040 G D 1046 G	Sechszylinder Direkteinspritzer	120 PS	8 l	1950–1953/54
MK 25 A	Allradantrieb						ab 1952
515 L 1		5 Tonnen	D 1046 M	Sechszylinder Direkteinspritzer	115 PS	8 l	1953/54
620 L 1		6 Tonnen	D 1246 M	Sechszylinder Direkteinspritzer	120 PS	8,3 l	1956–1959
MK 26		6,5 Tonnen	D 1546 G D 1246 G	Sechszylinder Direkteinspritzer	130 PS	8,7 l 8,3 l	1950–1953
MK 26 A	Allradantrieb						ab 1952
MK 26 D	Dreiachser vorwiegend Export						ab 1953
630 L/1		6 Tonnen	D 1246 G	Sechszylinder Direkteinspritzer	130 PS	8,3 l	1953–1955
630 L 2		6 Tonnen	D 1246 M	Sechszylinder Direkteinspritzer	135 PS		1955–1956
F 8		8 Tonnen	D 1548 G	Achtzylinder V-Motor	180 PS	11,6 l	1950–1963
758 L/1			D 1048 M	Achtzylinder V-Motor	155 PS	10,6 l	1953–1957
860 L 1		8 Tonnen					1957–1960
830 L 1/2	vorwiegend Export	8 Tonnen	D 1246 M	Sechszylinder Direkteinspritzer	130 PS	8,3 l	1953–1956
835 L 1		8 Tonnen	D 1246 M 3	Sechszylinder Direkteinspritzer	135 PS	8,3 l	1955–1957
845 L 1							1956–1958
750 TL 1		7 Tonnen	D 1246 M 2 T 1	Sechzylinder Direkteinspritzer Abgasturbolader	155 PS	8,3 l	1954–1957
860 L 1		8 Tonnen					1957–1960
735 L 1		7 Tonnen	D 1246 M 3	Sechszylinder Direkteinspritzer	135 PS	8,3 l	1956–1957
750 L 1		7 Tonnen	D 1246 M	Sechszylinder Direkteinspritzer	145 PS 155 PS	8,3 l	1957–1963
745 L 1					155 PS		1956–1959
745 L 2							1958–1961

M·A·N DIESEL

Kommunalfahrzeuge

Municiple service vehicles

Véhicule pour services municipaux

Vehículos comunales

Carros especiais para limpeza publica

Fartyg för komunalens tjänst

Gemeente autos

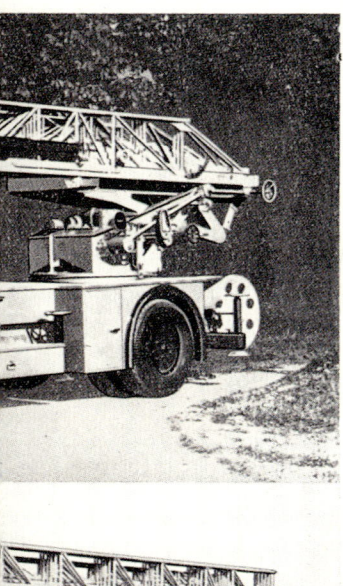

M·A·N
DIESEL

Feuerwehr-fahrzeuge

Fire brigade vehicles

Pompe à incendie automobile

Vehículos de servicio de incendios

Carros de bombeiro

Brandkårfartyg

Brandweerautos

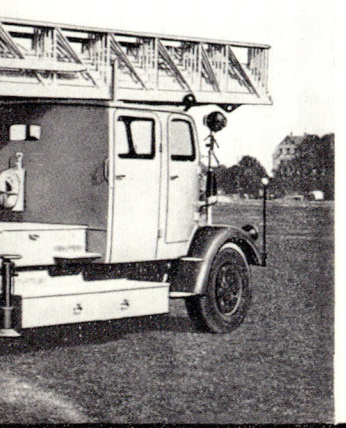

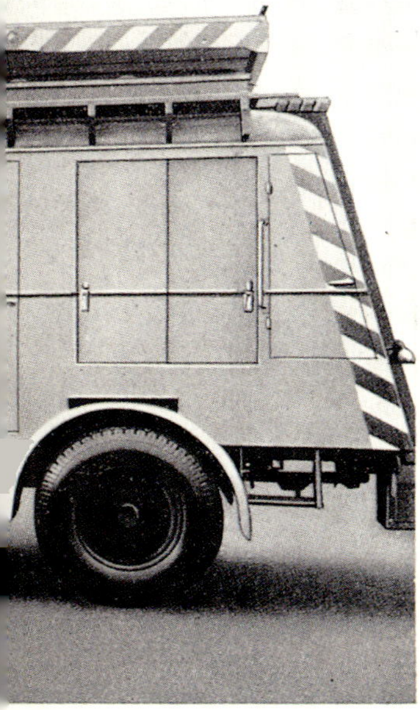

Turmwage

Tower cars

Camion à échafaudage

Vehículos de plataforma elevada

Carros espeziais para manutenção de linhas aereas de bondes e tróleibus

Fartygmedförhöjda platform

Montage wagens

M·A·N
DIESEL

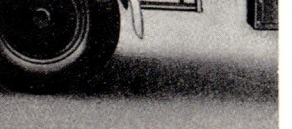

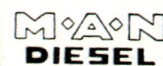

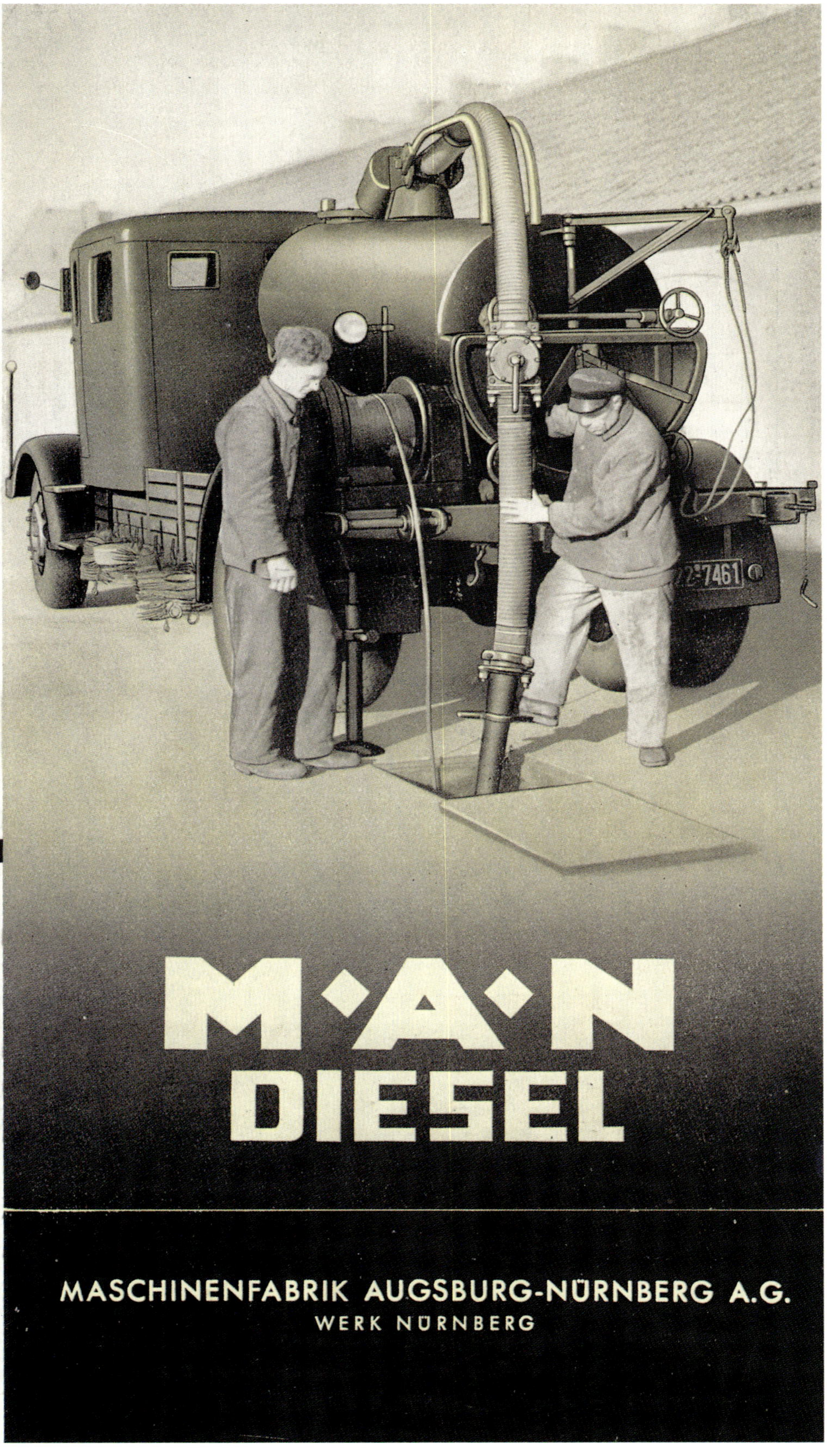
M·A·N
DIESEL
MASCHINENFABRIK AUGSBURG-NÜRNBERG A.G.
WERK NÜRNBERG

M·A·N DIESEL

Kommunal-fahrzeuge

Municiple service vehicles

Véhicule pour services municipaux

Vehículos comunales

Carros especiais para limpeza publica

Fartyg för komunalens tjänst

Gemeente autos

Müllwagen

Garbage vans

Camion gadoue-ménagère

Camiones recogida basura

Carros especiais para transporte de lixo

Sophämtnings-vagnar

Vuilniswagens

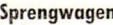

Sprengwagen

Street watering cars

Arroseuse

Camiones de riego

Carros especiais para irrigação e lavagem de ruas

Stänkvagnar

Sproei'wagens

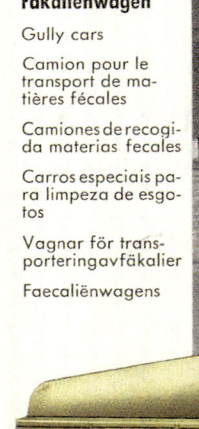

M·A·N DIESEL

Schlammabsauge-wagen

Sludge collecting cars

Camion pour vidange de boue

Camiones de aspiración de fango

Carros especiais para limpeza de boeiros

Vagnar för sugning av slam

Beerputtenwagens

Fäkalienwagen

Gully cars

Camion pour le transport de matières fécales

Camiones de recogida materias fecales

Carros especiais para limpeza de esgotos

Vagnar för transportering av fäkalier

Faecaliënwagens

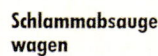

M·A·N DIESEL

D 222125   Printed in Germany   8 V 10

Werbung für MAN-Produkte in den ersten Nachkriegsjahren. Rechts eine Anzeige für einen Dieselgas-Motor aus dem Werk Nürnberg in der Motortechnischen Zeitschrift MTZ, auf dem unteren Bild wird in der Automobiltechnischen Zeitschrift ATZ für die MAN-Diesel-Lastwagen, die „starken und wirtschaftlichen Wagen für den Fern- und Nahverkehr" geworben. (Archiv Kosmos-Verlag)

M·A·N

Dieselgas-
MOTOREN

MASCHINENFABRIK AUGSBURG-NÜRNBERG A.G.
WERK AUGSBURG

M·A·N
Diesel-Lastwagen

der starke und wirtschaftliche
Wagen für Fern- und Nahverkehr

M·A·N
DIESEL

MASCHINENFABRIK AUGSBURG · NÜRNBERG A·G

M·A·N

Diesel-Lastwagen

Typ MK

der starke und hochwirtschaftliche Wagen für Ferntransporte und Nahverkehr

Fahrgestelltragkraft 6500 kg — 120 PS Dieselmotor

D 22 2002/II

8 S 3

Technische Einzelheiten

Rahmen und Federung

Genieteter Rahmen aus Baustahl hoher Festigkeit, kröpfungsfreie Rahmenträger in widerstandsfähigem Fischbauchprofil gepreßt. Lange und breite Halbelliptik-Federn, an der Hinterachse mit Stufenfedern ausgerüstet; weiche Übertragung der Schub- und Bremskräfte.

Dieselmotor

120 PS 6-Zylinder, Typ D 1040 G 2, nach dem neuen M A N - Verbrennungsverfahren arbeitend; kugelförmiger Verbrennungsraum im Kolben, daher geringe Wärmeverluste und vorzügliche Betriebseigenschaften: Hohe Leistung, außerordentlich geringer Brennstoffverbrauch, ausgezeichnetes Kaltstartvermögen, große Durchzugskraft bei allen Drehzahlen, ruhiger Gang bei Leerlauf und Belastung, lange Lebensdauer.

Hauptdaten des Motors

TYP D 1040 G 2

Leistung	120 PS
Zylinderzahl	6
Bohrung	110 mm
Hub	140 mm
Hubvolumen	8 Liter
Höchstdrehzahl	∞ 2000 U/min
Drehmoment	44 mkg
Brennstoffverbrauch	rd. 170 g/PSh

KRAFTSTOFFNORMVERBRAUCH:
rd. 18 Liter/100 km

Getriebe und Kupplung

Unempfindliche Einscheibentrockenkupplung; Fünfganggetriebe mit Schnellgang (4. Gang direkt), Klauenschaltung im 3., 4. und 5. Gang.

Gelenkwellen und Hinterachse

Nadelgelagerte Gelenkwelle mit gut ausgewuchteten Rohrwellen. Hinterachse in MAN-Bauweise: Aus einem Stück geschmiedete Tragachse mit getrennt angeordneten Antriebswellen für die Stirnradgetriebe in den Naben der Hinterräder; Ausgleichsgetriebe mit bogenverzahnten Kegelrädern, daher geringe Hinterachs-Abmessungen und große Bodenfreiheit; Getriebegehäuse staub- und wasserdicht gekapselt, leicht zugänglich.

2210165

Vorderachse und Lenkung

Kräftige MAN-Faustachse mit großer Bodenfreiheit; leichtgängige Schneckenlenkung Bauart Roß, großer Einschlagwinkel der Räder, daher gute Wendigkeit des Fahrzeuges.

Räder und Bereifung

Stahlblechscheibenräder oder Trilex-Räder mit dreiteiliger Felge (je nach Liefermöglichkeit) Felgenabmessungen 9/10 – 20''.
Reichlich bemessene Luftbereifung, Normalpr. 10,00 – 20'' e.H.D. (bisher 9,75 – 20'', 10,50 – 20'', 270 – 20'').

Bremsen

Druckluft-Vierrad-Bremse in einheitlicher Ausführung, leicht nachstellbar, Anhängerbremsanschluß; griffbereite Handbremse auf die Hinterräder wirkend.

Ausrüstung

Gute Ausrüstung, zweckmäßige Ausstattung. Brennstoffbehälter 130 Liter, Lichtanlage 300 W 12 V, Anlasser 4 PS 24 V, 2 Batterien 90 oder 105 Amp./Std. (je nach Liefermöglichkeit), Anhängevorrichtung und Abschleppkupplung vorne.

Aufbauten

Führerhaus für 3 – 4 Personen, etwas nach vorn gerückt zum Vorteil einer vergrößerten nutzbaren Ladelänge; kurze Motorhaube, daher vergrößerte Blickfreiheit auf die Fahrbahn dicht vor dem Fahrzeug; Schaltwand in gefälliger Weise mit dem Führerhaus vereinigt; Ladebrücke in kräftiger Ausführung mit starken Beschlägen. Außer mit normalen Brücken können die Fohrzeuge je nach Verwendungszweck mit allen Arten von Aufbauten, z. B. als Motorkipper, Kastenwagen u. a. geliefert werden.

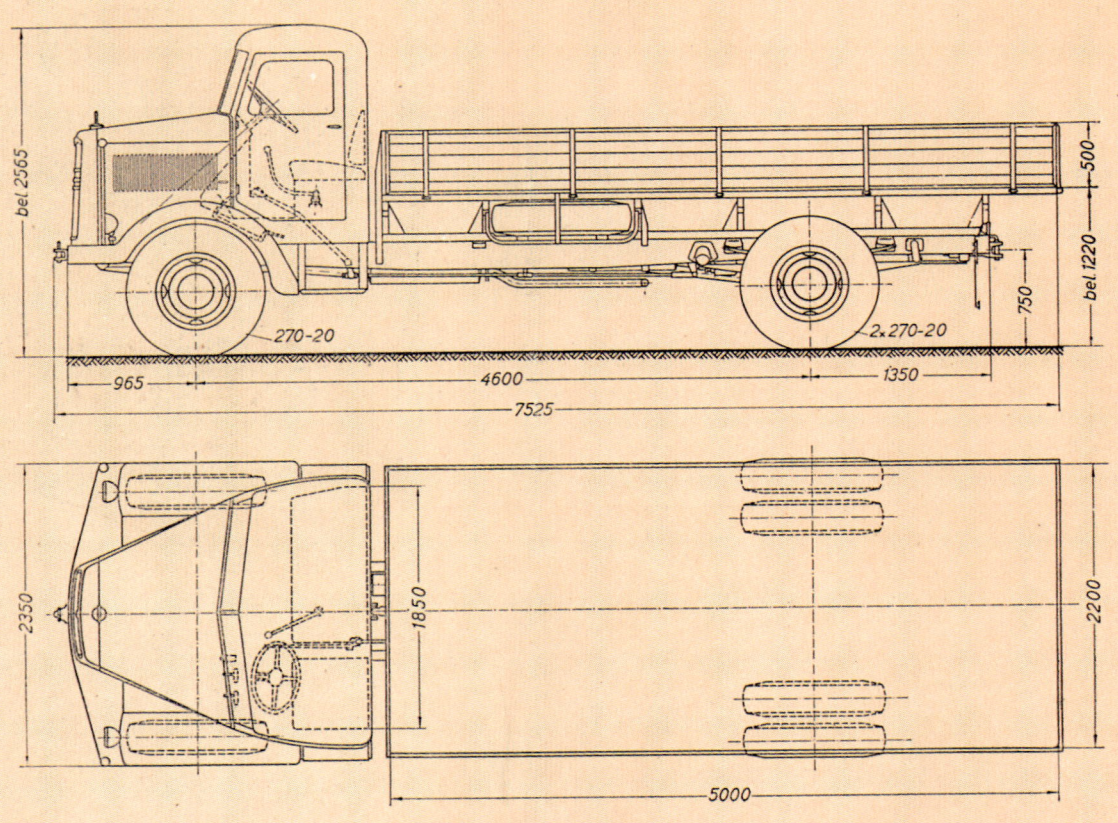

Abmessungen • Gewichte • Leistungen

Radstand	. . . .	4600 mm
Spurweite vorne	. . . .	1900 mm
Spurweite hinten	. . . .	1726 mm
Lenkradius am äußeren Vorderrad	. . . .	rd. 9 m
Bodenfreiheit, vorne	. . . .	485 mm
Bodenfreiheit, hinten	. . . .	330 mm
Ladebrücke lichte Länge	. . . .	5000 mm
Ladebrücke lichte Breite	. . . .	2200 mm
Bordwandhöhe	. . . .	500 mm
Gesamtlänge des Wagens	. . . .	7600 mm
Gesamtbreite des Wagens	. . . .	2350 mm
Bereifung normal	. . . .	10,00—20" e.H.D.

Fahrgestell	. . . .	rd. 4000 kg
Fahrgestell mit Führerhaus	. . . .	rd. 4250 kg
Wagen ohne Ausrüstung	. . . .	4800 kg
Zulässiger Achsdruck vorne	. . . .	3750 kg
Zulässiger Achsdruck hinten	. . . .	7000 kg
Zulässiges Gesamtgewicht des beladenen Wagens	. .	10 500 kg

* * *

Rahmentragkraft	. . . .	**6500 kg**
Nutzlast	. . . .	**5000 kg**
Motorleistung	. . . .	**120 PS**
Fahrgeschwindigkeit	. . . .	**rd. 60 km/h**
Kraftstoffnormverbrauch	. . . .	**rd. 18 Ltr./100 km**

Abbildungen und Beschreibungen sind unverbindlich. Änderungen der Ausführung und Ausrüstung vorbehalten.

MASCHINENFABRIK AUGSBURG-NÜRNBERG A.-G.
WERK NÜRNBERG

2210152

FÜR DEN REISEVERKEHR

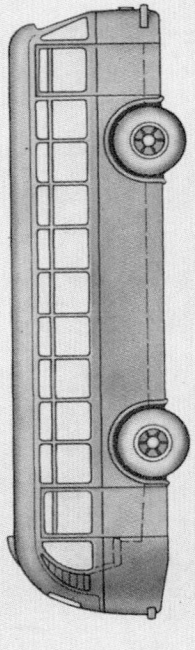

Ohne Dachrandverglasung

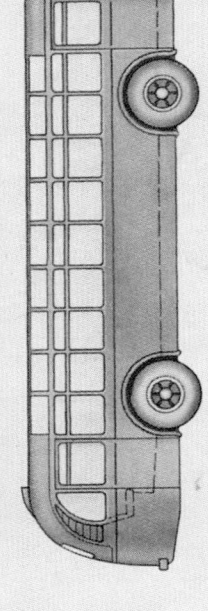

Mit Dachrandverglasung

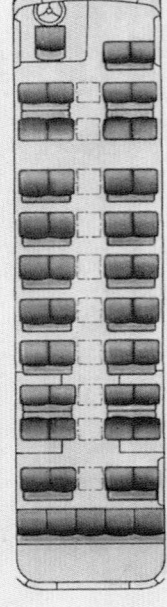

47 Sitzplätze, 10 Mittelgangsitze

FÜR DEN LINIENVERKEHR

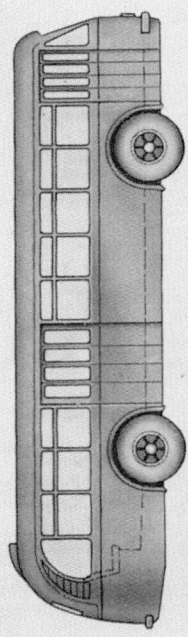

Mit 2 Falttüren, Türbreite vorn 800 mm, hinten 1220 mm

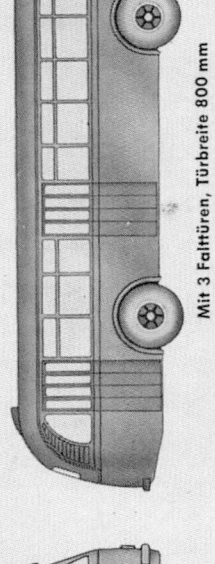

30 Sitzplätze, 40 Stehplätze

39 Sitzplätze, 31 Stehplätze

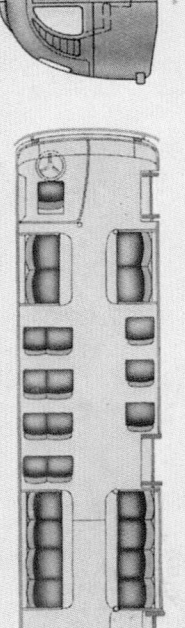

Mit 3 Falttüren, Türbreite 800 mm

27 Sitzplätze, 43 Stehplätze

ABMESSUNGEN UND GEWICHTE

Abmessungen des Fahrzeuges:

Radstand	5250 mm
Wendekreis am äußeren Vorderrad	21,8 m
Spurkreis	18,5 m
Spurweite hinten (von Mitte zu Mitte Doppelreifen)	1726 mm
Spurweite vorn	1875 mm
Größte Länge	10800 mm
Größte Breite	2480 mm
Größte Höhe belastet	2850 mm
Größte Höhe unbelastet	ca. 3000 mm
Überhang vorn	2300 mm
Überhang hinten	2950 mm
Höhe des Fahrgastraumes	2140 mm
Höhe des Fußbodens über der Fahrbahn bei Bereifung 11.00-20	665 mm

Räder: Trilexräder mit Felge 7,33 V-20 (9/10''-20) aus Stahlguß mit dreiteiliger Felge, 6 Radschrauben, Hinterachse doppelt bereift

Reifen: 11.00-20 eHD

Gewichte:	
Zulässiger Vorderachsdruck	4400 kg
Zulässiger Hinterachsdruck	8600 kg
Fahrzeug-Gesamtgewicht	13000 kg
Anhänger-Gesamtgewicht	8000 kg
Omnibus-Gesamtgewicht	21000 kg

TECHNISCHE DATEN

Steigfähigkeit

	Hinterachsuntersetzung 6,2 (entspr. Höchstgeschw. 66,0 km/h)			Hinterachsuntersetzung 5,25 (entspr. Höchstgeschw. 77,7 km/h)		
	Omnibus 13000 kg		Omnibus-zug 21000 kg	Omnibus 13000 kg		Omnibus-zug 21000 kg
	Geschwindigkeit km/h	Steigung %	Steigung %	Geschwindigkeit km/h	Steigung %	Steigung %
1. Gang	7,6	31,0	18,4	9,0	26,0	15,3
2. Gang	11,9	20,4	11,9	14,0	16,9	9,7
3. Gang	18,3	12,6	7,0	21,5	10,4	5,7
4. Gang	28,7	7,2	3,7	33,8	5,8	2,8
5. Gang	42,0	4,2	1,8	49,5	3,2	1,2
6. Gang	66,0	1,9	0,4	77,7	1,1	—
Rückwärtsgang	12,8	18,8	10,9	15,1	15,7	8,9

WEITERE AUSRÜSTUNG

Lenkung: Typ Ross, Anordnung links

Anhängevorrichtung: vorn Abschleppkupplung, hinten Anhängekupplung mit Druckluft-Bremsanschluß (auf Wunsch)

Stoßdämpfer: Teleskop-Stoßdämpfer an der Hinterachse

Armaturen: Schaltkasten, Scheinwerfer mit Standlicht, Stop- und Schlußlicht, 2 Scheibenwischer, Horn, Fahrtrichtungsanzeiger, elektr. Geschwindigkeitsanzeiger, Bremsluftmesser, Warnvorrichtung für Kühlwassertemperatur

Kühlung: Wasserkühlung, Block in Stirnwand eingebaut, abschaltbarer Lüfter, verstellbare Jalousie

Klimaanlage: Frischluftzuführung durch Gebläse. Im Winterbetrieb Aufheizung durch Warmwasser-Heizkörper, Scheibenklar-Anlage

Sitze: Ledersitze oder Sitze in Stahl-Holz- bzw. Stahl-Durofol-Ausführung von neuartiger bequemer Form

Fenster: Die Seitenfenster sind fest, im oberen Drittel quergeteilt. Der obere Teil läßt sich durch Hochschieben (in verschiedene Stellungen einrastbar) öffnen, dadurch wirksame Belüftung des Fahrgastraumes. Sämtliche Fenster sind aus Sicherheitsglas; Windschutzscheiben auf Wunsch ausstellbar.

Türen: Bei Linienfahrzeugen druckluftbetätigte Schwingfalt- bzw. Drehfalttüren

MASCHINENFABRIK AUGSBURG-NÜRNBERG A.G. WERK NÜRNBERG

D 22 22 66

Printed in Germany

Änderungen vorbehalten

12 W 5

MK 25

120 PK · M·A·N-DIESEL-MOTOR · 7650 KG DRAAGVERMOGEN

TYPE **MK 25**

120 PK M·A·N-DIESEL-MOTOR
~~7150~~ *7650.* KG DRAAGVERMOGEN

Wielen:
Schijfwielen
Velgen: 9/10"-20
(=7,33 V-20)

Banden:
normaal 10.00×20 e.H.D.
bij 60 km max. snelheid
overmaat 11.00×20 e.H.D.
bij 75 km max. snelheid

Vrachtwagens voor alle doeleinden, met iedere gewenste bovenbouw

Koelwagens · Meubelwagens · Wagens voor langhouttransport · Gesloten wagens · Hydraulische driezijden - kippers · Trekkers · Tankwagens · Sproeiwagens · Faecaliënwagens · Brandweerwagens · Takelwagens · Vuilniswagens enz.

Afmetingen van het chassis

Wielbasis	Draaicirkel aan het buitenste voorwiel
3320 mm als trekker	13.70 m
4100 mm als kipper	16.40 m
4600 mm als vrachtwagen . . .	18.00 m
5200 mm als vrachtwagen . . .	19.80 m

Spoorbreedte, vóór	1900 mm
Spoorbreedte, achter	1726 mm
(van midden tot midden dubbele banden)	
Bodemvrijheid, vóór	485 mm
Bodemvrijheid, achter	335 mm

Afmetingen van de bovenbouw (bij 4600 mm. wielbasis)

Laadlengte	5000 mm
Laadbreedte	2240 mm
Grootste lengte van de wagen . .	7490 mm
Grootste breedte van de wagen . .	2400 mm

Hoogte van cabine (belast) . . .	2620 mm
Hoogte van achterbak (belast) . .	3150 mm
Hoogte zijborden	500 mm

Gewichten (Chassis met gesloten bovenbouw), wielbasis 4600 mm.

Eigengewicht van het chassis	ca. 4100 kg
Eigengewicht van het chassis met cabine en laadbak ca.	ca. 5000 kg
Eigengewicht van het chassis met cabine, laadbak, bestuurder, gereedschap, gemonteerd res. wiel naar gelang bovenbouw	ca. 5600 kg

Chassis draagvermogen	*7650* ~~7150~~ kg
Toelaatbare voorasdruk	*4000* ~~3750~~ kg
Toelaatbare achterasdruk	*8000* ~~7600~~ kg
Totaalgewicht van de wagen . . .	*11.750* ~~11250~~ kg
Totaalgewicht van de aanhangwagen	12750 kg
Totaal treingewicht	24000 kg

Snelheden - Overbrengingen - Stijgvermogen

	Achterasoverbrenging 9.22			Achterasoverbrenging 7.36	
	Snelheid in km per uur	Stijgvermogen in %		Snelheid in km per uur	Stijgvermogen %
		zonder aanhangwagen	met aanh. 24000 kg		zonder aanhangwagen
1ste versnelling	8.0	32.8	14.2	10	25.7
2de versnelling	14.4	17.3	7.0	18	13.4
3de versnelling	26	8.8	3.0	32.3	6.6
4de versnelling	43	4.9	1.2	54	3.5
5de versnelling	60	2.6	0.2	75	1.7
Achteruit	8.1	32.4	13.5	10.1	25.4

Bovenstaande gegevens gelden voor het bandenmaat 10.00×20 e. H.D.

MASCHINENFABRIK AUGSBURG-NÜRNBERG A.G. FABRIEK NEURENBERG

M·A·N DIESEL

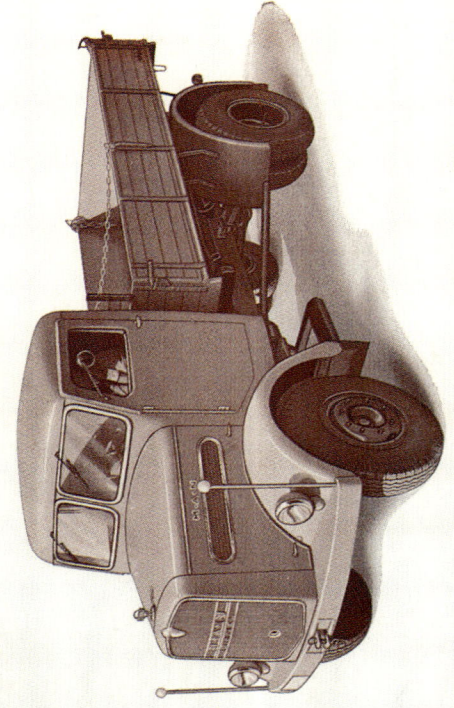

Der neue TYP 515 L1 - 115 PS

Dieser Lastwagentyp ist der leistungsfähige, schnelle und wirtschaftliche Lastwagen der 5-to-Klasse für alle Zwecke.

Ein bequem ausgestattetes Fahrerhaus, übersichtlich angeordnete Instrumente, verstellbarer Fahrersitz sind einige der Merkmale, die zusammen mit den zuverlässig arbeitenden Bremsen größtmögliche Sicherheit im Fahrverkehr gewährleisten. Bemerkenswert ist besonders der neue geräuscharme M·A·N-Dieselmotor, der bei noch günstigerem Brennstoffverbrauch eine verbesserte Zugleistung im unteren Drehzahlbereich aufweist.

MOTOR:

6-Zylinder-Viertakt-M·A·N-Dieselmotor mit direkter Einspritzung nach neuem M-Verfahren, geräuscharm. 3fache Kraftstoffilterung, Öl-Haupt- und Nebenstromfilter, Ölbadluftfilter mit Frischluft-Ansaugung.

Typ	D 1046 M
Bohrung/Hub	110/140 mm
Hubraum	7983 cm³
Leistung	115 PS bei 2000 U/min.

FAHRGESTELL:

Kupplung: Einscheiben-Trockenkupplung Typ LA 50

Wechselgetriebe: Fünfgang-Leichtschaltgetriebe Typ ZF AK 5/33 mit Schnellgang

Hinterachse: M·A·N-Bauweise, Tragachse u. Triebachse getrennt, Seitengehäuse mit Stirnraduntersetzung

Vorderachse: Faustachse

Lenkung: Bauart ZF Einfingerlenkung

Fußbremse: Druckluftbremse, auf alle 4 Räder wirkend, neue Betätigung durch leichtgängiges Tritt-platten-Bremsventil

Handbremse: auf Hinterräder wirkend

Räder: Scheibenräder mit Schrägschulterfelge 7,0-20

Bereifung: 9,00-20 eHD

Kraftstoffbehälter: 1 Behälter 100 l Inhalt

FAHRERHAUS:

In Stahlbauweise, vollkommen geschlossen; 2 Türen mit Kurbelfenster; Rückblick-Mittelfenster, ausstellbare Windschutzscheiben; 2 elektrische Scheibenwischer; Rückblickspiegel; Fahrtrichtungsanzeiger; elektrisches Signalhorn.

Beste Innenverkleidung, Sonnenblende, Handschuhkasten, Deckenleuchte, 1 Leseleuchte, eingebaute Aschenbecher; verstellbarer Fahrersitz.

Instrumentenbrett mit Tachograf, Öldruckanzeiger, Kühlwasser-Fernthermometer mit Warnleuchte, Bremsdruckanzeiger mit Warnleuchte, Ladekontroll-Leuchte, Überdrehzahlwarngerät, Kontroll-Leuchte für Fahrtrichtungsanzeiger, Anlasser-Druckknopf.

AUSRÜSTUNG UND ZUBEHÖR:

Lichtmaschine 160 Watt, 12 Volt
Anlasser 4 PS, 24 Volt
2 Batterien 12 Volt, je 105 Ah
Einzylinder-Luftpresser

Scheinwerfer mit Handabblendung und Standlicht, Schluß- und Stopplicht, Handlampe mit Kabel, Reifenfüllanschluß mit Füllschlauch, Abschleppkupplung vorn und hinten. Anhängerkupplung auf Wunsch gegen Mehrpreis. Hydraulischer Wagenheber, Bordwerkzeug.

ABMESSUNGEN:
(Für Bereifung 9,00—20 eHD)

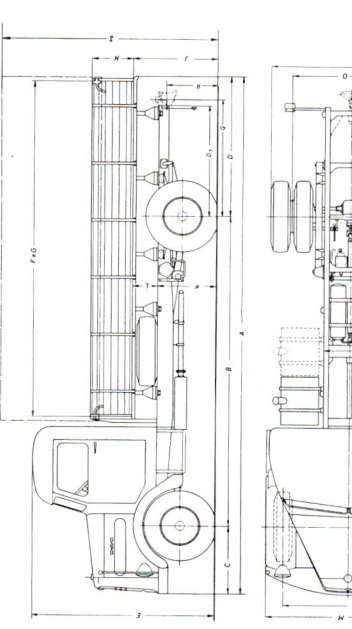

	Sattel-schlepper mm	Kipper mm	Normal-aufbau mm	Sonder-aufbau mm
B = Radstände	3320	4100	4600	5200
A = Länge über alles	5315¹⁾	6605	7550	8345
C = Vordere Fahrzeugüberhanglänge	1045	1045	1045	1045
D = Hintere Fahrzeugüberhanglänge	950	1460	1905	2300
D₁ = Hintere Rahmenüberhanglänge	950	1015	1510	1910
E = Höhe über Fahrerhaus unbelastet ca.	2720	2720	2720	2720
F = Länge der Ladefläche	—	4000	5000	6000
G = Breite der Ladefläche	—	2240	2240	2240
H = Bordwandhöhe	—	400	500	500
J = Höhe der Ladefläche, belastet	—	1225	1160	1160
K = Höhe der Ladefläche über Rahmenoberkante	840	840	840	840
L = Höhe der Ladefläche über Rahmenoberkante	—	385	320	320
M = Breite über alles	2400	2400	2400	2400
N = Spurweite, vorn	1885	1885	1885	1885
O = Spurweite, hinten	1700	1700	1700	1700
P = Maß über äußere Hinterräder	2274	2274	2274	2274
Q = Abstand Mitte Anhängerkupplungsbolzen bis Mitte Hinterachse	1020	1260	1660	2085
R = Höhe Mitte Anhängerkupplung), belastet ca.	735	735	735	735
S = Höhe über Plangestell normal, unbelastet ca.	—	3210	3210	3210
T = Rahmenbreite	760	760	760	760
Kleinster Spurkreis Ø (m)	13,7	16,4	18,0	19,8
Bodenfreiheit, vorn ca.	465	465	465	465
Bodenfreiheit, hinten ca.	315	315	315	315

¹⁾ Ohne Anhängekupplung

ACHSDRÜCKE UND GEWICHTE:
(für Normal Radstand 4600 mm)

	bei Bereifung 9,00—20 eHD
Rahmentragfähigkeit	6330 kg
Zul. Vorderachsdruck	3400 kg
Zul. Hinterachsdruck	6800 kg
Zul. Fahrzeug-Gesamtgewicht	10200 kg
Zul. Anhänger-Gesamtgewicht bei Hinterachsübersetzung 7,37	8000 kg
Zul. Anhänger-Gesamtgewicht bei Hinterachsübersetzung 9,22	16000 kg
Zul. Lastzug-Gesamtgewicht bei Hinterachsübersetzung 7,37	18200 kg
Zul. Lastzug-Gesamtgewicht bei Hinterachsübersetzung 9,22	26200 kg
Fahrgestellgewicht ohne Fahrerhaus ca.	3870 kg
Fahrgestellgewicht mit Fahrerhaus ca.	4170 kg
Leergewicht des betriebsfertigen Fahrzeuges mit Fahrerhaus und Brücke (einschl. bereifter Reservefelge, Fahrer, Werkzeug und Kraftstoff) ca.	4920 kg

GESCHWINDIGKEITEN, ÜBERSETZUNGEN UND STEIGFÄHIGKEITEN:

Bei Bereifung 9,00—20 eHD

		Lastwagengewicht kg	10 200	8000	16 000
		Anhänger-Gesamtgewicht kg		18 200	26 200
		Lastzug-Gesamtgewicht kg			

Hinterachsübersetzung 7,37

Getriebeübersetzung i	Geschw. km/h	Steigfähigkeit %	Steigfähigkeit %	Steigfähigkeit %
1. Gang 5,55	9,4	30,7	16,3	
2. Gang 2,93	17,8	15,2	7,6	
3. Gang 1,66	31,4	7,8	3,5	
4. Gang 1,00	52,0	4,3	1,5	
5. Gang 0,64	*)81,5	1,8	0,1	
R. Gang 5,12	10,2	27,3	14,4	

Hinterachsübersetzung 9,22

Getriebeübersetzung i	Geschw. km/h	Steigfähigkeit %	Steigfähigkeit %
1. Gang 5,55	7,5	39,0	21,0
2. Gang 2,93	14,2	19,6	10,1
3. Gang 1,66	25,0	10,2	4,8
4. Gang 1,00	41,5	5,8	2,4
5. Gang 0,64	*)65,0	2,7	0,6
R. Gang 5,12	8,1	34,7	18,6

*) Gilt nur für Motorwagen ohne Anhänger

Änderungen vorbehalten. Lt. VDA-Revers, Techn. Angaben entspr. DIN 70 020 und DIN 70 030.

Printed in Germany

MASCHINENFABRIK AUGSBURG-NÜRNBERG A.G. WERK NÜRNBERG

D 22 25 81 Inland

9 Z 3

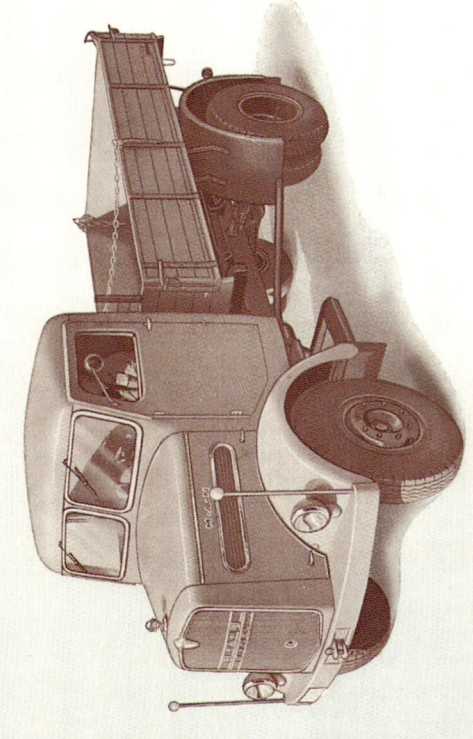

M·A·N DIESEL

TYP 620 L1 - 120 PS

Dieser Lastwagentyp ist der leistungsfähige, schnelle und wirtschaftliche Lastwagen der 6-to-Klasse für alle Zwecke.

Ein bequem ausgestattetes Fahrerhaus, übersichtlich angeordnete Instrumente, verstellbarer Fahrersitz sind einige der Merkmale, die zusammen mit den zuverlässig arbeitenden Bremsen größtmögliche Sicherheit im Fahrverkehr gewährleisten. Bemerkenswert ist besonders der neue geräuscharme M·A·N-Dieselmotor, der bei günstigerem Brennstoffverbrauch eine verbesserte Zugleistung im unteren Drehzahlbereich aufweist.

MOTOR:

6-Zylinder-Viertakt-M·A·N-Dieselmotor mit direkter Einspritzung nach neuem M-Verfahren, geräuscharm.
3fache Kraftstoffilterung, Öl-Haupt- und Nebenstromfilter, Ölbadluftfilter mit Frischluft-Ansaugung

Typ	D 1246 M 4	Hubraum . . . . 8276 cm³
Bohrung/Hub . . . . 112/140 mm		Leistung . . . . 120 PS bei 2000 U/min.

FAHRGESTELL:

Kupplung: Einscheiben-Trockenkupplung Typ LA 50
Wechselgetriebe: Fünfgang-Leichtschaltgetriebe Typ ZF AK 5/33 mit Schnellgang
Hinterachse: M·A·N-Bauweise, Tragachse u. Triebachse getrennt, Seitengehäuse mit Stirnradüntersetzung
Vorderachse: Faustachse
Lenkung: ZF-Lenkung

Fußbremse: Druckluftbremse, auf alle 4 Räder wirkend, neue Betätigung durch leichtgängiges Tritt-platten-Bremsventil
Handbremse: auf Hinterräder wirkend mit Vorspann-zylinder
Räder: Scheibenräder mit Schrägschulterfelge 7,5-20
Bereifung: 10,00-20 eHD oder 10,00-20 eHD verstärkt
Kraftstoffbehälter: 1 Behälter 100 l Inhalt

MASCHINENFABRIK AUGSBURG - NÜRNBERG A.G. WERK MÜNCHEN

Änderungen vorbehalten. lt. VDA-Revers. Techn. Angaben entspr. DIN 70.020 und DIN 70.030.

Printed in Germany

D 22 27 80 / Inl.

3 B 5

FAHRERHAUS:

In Stahlbauweise, vollkommen geschlossen; 2 Türen mit Kurbelfenster; Rückblick-Mittel-fenster, ausstellbare Windschutzscheiben; 2 elek-trische Scheibenwischer; Rückblickspiegel; Fahrt-richtungsanzeiger; elektrisches Signalhorn.

Beste Innenverkleidung, Sonnenblende, Hand-schuhkasten, Deckenleuchte, 1 Leseleuchte, ein-gebaute Aschenbecher; verstellbarer Fahrersitz. Instrumentenbrett mit Tachograf mit Zeituhr, Öldruckanzeiger, Kühlwasser-Fernthermometer mit Warn-leuchte, Lodekontroll-Leuchte, Überdrehzahl-anzeiger, Kontroll-Leuchte für Fahrtrichtung, Anlasser-Druckknopf, Heizung mit Scheibenentfrostung.

AUSRÜSTUNG UND ZUBEHÖR:

Lichtmaschine 160 Watt, 12 Volt
Anlasser 4 PS, 24 Volt
2 Batterien 12 Volt, je 105 Ah
Einzylinder-Luftpresser
Scheinwerfer mit Handabblendung und Stand-licht, Schluß- und Stopplicht, Handlampe mit Kabel, Reifenfüllanschluß mit Füllschlauch, Abschleppkupplung vorn, Anhängerkupplung, Hydraulischer Wagenheber, Bordwerkzeug.

ABMESSUNGEN:

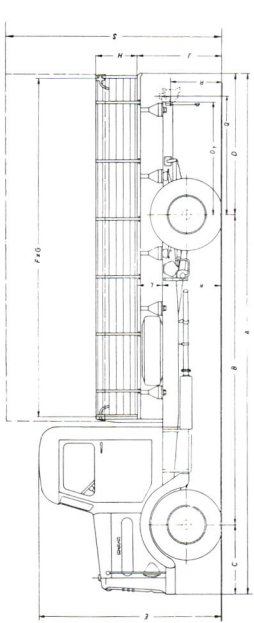
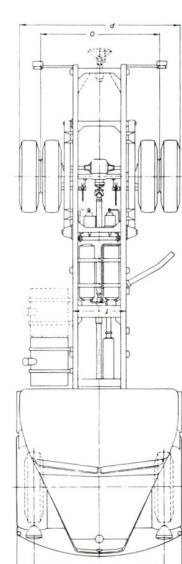

		Sattel-schlepper mm	Kipper mm	Normal-aufbau mm	Sonder-aufbau mm
B	Radstände	3320	4100	4600	5200
A	Länge über alles	5465	6655	7535	8525
C	Vordere Fahrzeugüberhanglänge	1035	1035	1035	1035
D	Hintere Fahrzeugüberhanglänge	1110	1520	1900	2290
D¹	Hintere Rahmenüberhanglänge	950	1015	1510	1910
E	Höhe über Fahrerhaus unbelastet ca.	2730	2730	2730	2730
F	Länge der Ladefläche	—	4000	5000	6000
G	Breite der Ladefläche	—	2240	2240	2240
H	Bordwandhöhe	—	400	500	600
J	Höhe der Ladefläche belastet	—	1271	1204	1204
K	Rahmenhöhe belastet ca.	849	849	849	849
L	Höhe der Ladefläche über Rahmenoberkante	—	422	355	355
M	Breite über alles	2400	2400	2400	2400
O	Spurweite, hinten	1885	1885	1885	1885
P	Spurweite, vorn	1710	1710	1710	1710
Q	Maß über äußere Hinterräder	2291	2291	2291	2291
R	Abstand Mitte Anhängerkupplungsbolzen bis Mitte Hinterachse	980	980	1615	2015
S	Höhe über Anhängerkupplung¹), belastet ca.	737	737	737	737
	Höhe über Plangestell normal, unbelastet ca.	760	760	3225	3225
	Rahmenbreite	760	760	760	760
	Kleinster Spurkreis ⌀ (m)	13,7	16,4	18,0	19,8
	Kleinster Wendekreis ⌀ (m)	14,8	17,5	19,0	20,9
	Bodenfreiheit, vorn ca.	489	489	489	489
	Bodenfreiheit, hinten ca.	330	330	330	330

ACHSDRÜCKE UND GEWICHTE:
(für Normal-Radstand 4600 mm)

	10,00-20 eHD	10,00-20 eHD verst.
Bereifung		
Rahmentragfähigkeit	7050 kg	7550 kg
Zul. Vorderachsdruck	4000 kg	4000 kg
Zul. Hinterachsdruck	8000 kg	8400 kg
Zul. Fahrzeug-Gesamtgewicht	11500 kg	12000 kg
Zul. Anhänger-Gesamtgewicht	16000 kg	16000 kg
Zul. Lastzug-Gesamtgewicht	27500 kg	28000 kg
Fahrgestellgewicht ohne Fahrerhaus ca.	4150 kg	4150 kg
Fahrgestellgewicht mit Fahrerhaus ca.	4450 kg	4450 kg
Leergewicht des betriebsfertigen Fahrzeuges mit Fahrerhaus und Brücke (einschl. betriebsf. Reserve-felge, Fahrer, Werkzeug und Kraftstoff) ca.	5200 kg	5200 kg

GESCHWINDIGKEITEN, ÜBERSETZUNGEN UND STEIGFÄHIGKEITEN:

Steigfähigkeit ermittelt unter Berücksichtigung des Triebwerkwirkungsgrades

Bereifung	10,00-20 eHD		
Lastwagengewicht	11 500 kg		
Anhänger-Gesamtgewicht	16 000 kg		
Lastzug-Gesamtgewicht	27 500 kg		
Hinterachs-übersetzung	9,22		
Getriebe-übersetzungen		Geschw. km/h bei max. Drehzahl	max. Drehmoment¹	Steigfähigkeit %
1. Gang	5,56	7,7	4,7	34,1
2. Gang	2,93	14,5	9,0	17,0
3. Gang	1,66	26,0	16,0	8,8
4. Gang	1,00	43,0	27,0	4,9
5. Gang	0,64	67,0	*)41,0	2,1
R.-Gang	5,12	8,4	5,1	30,3

Bereifung	10,00-20 eHD verst.		
Lastwagengewicht	12 000 kg		
Anhänger-Gesamtgewicht	16 000 kg		
Lastzug-Gesamtgewicht	28 000 kg		
Hinterachs-übersetzung	9,22		
Getriebe-übersetzungen		Geschw. km/h bei max. Drehzahl	max. Drehmoment¹	Steigfähigkeit %
1. Gang	5,56	7,7	4,7	33,7
2. Gang	2,93	14,5	16,3	5,9
3. Gang	1,66	25,0	38,4	4,6
4. Gang	1,00	43,0	27,0	0,88
5. Gang	0,64	67,0	*)41,0	0,1
R.-Gang	5,12	8,4	5,1	11,3

*) Gilt nur für Motorwagen ohne Anhänger und mittlerer Abregeldrehzahl

M·A·N DIESEL

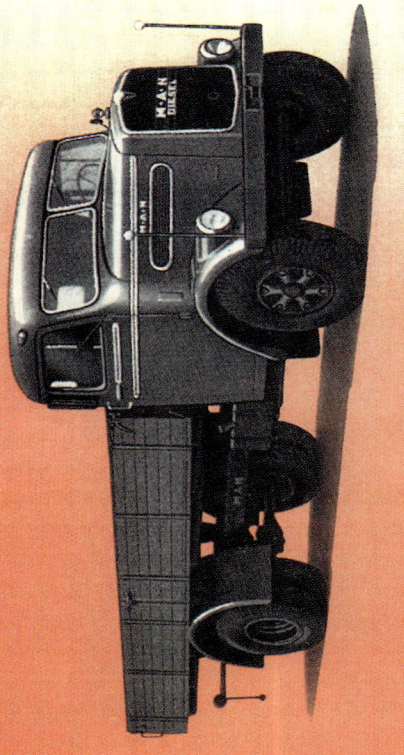

TYP 735 L1 · 135 PS

Mit dem Typ 735 L1 setzt die M·A·N ihre Tradition im Schwerlastwagenbau fort. Die Erfahrungen und Erkenntnisse von 4 Jahrzehnten sind in diesem robusten Fahrzeug vereinigt. Das markanteste Merkmal des Fahrzeuges ist der geräuscharme M·A·N-Dieselmotor, der bei noch günstigerem Kraftstoffverbrauch eine verbesserte Zugleistung im unteren Drehzahlbereich bei völliger Beseitigung des Zündgeräusches erreicht. Bemerkenswert ist ferner die fortentwickelte Hinterachse und eine verbesserte und in ihren Abmessungen vergrößerte Bremsanlage. Ganz besonders hervorzuheben ist das hervorragend ausgestattete Fahrerhaus: alle Bedienungshebel bequem erreichbar – gut übersichtliches Armaturenbrett – allseitig verstellbarer Fahrersitz – schwenkbare Belüftungsfenster – Rückblick-Eckfenster – Leselampen – Klapptisch und viele andere Neuerungen.

Motor:

Baumuster	D 1246 M 3
Arbeitsverfahren	Viertakt-Diesel Direkte Einspritzung - Geräuscharm
Hub	140 mm
Bohrung	112 mm
Zylinderzahl	6
Hubraum	8276 cm³ (nach Steuerformel 8218 cm³)
Leistung	135 PS - 2100 U/min
max. Drehmoment	52 mkg - 1300 U/min

TECHNISCHE ANGABEN FÜR DEN NEUEN SCHWERLASTWAGEN TYP 735 L1

ABMESSUNGEN

	für Sattelschlepper	für Kipper	für Normalaufbau	für Sonderaufbau
B = Radstände	3320 mm	4100 mm	4600 mm	5200 mm
A = Länge über alles	5513 mm	6800 mm	7760 mm	8760 mm
C = Vordere Fahrzeug-Überhanglänge	1085 mm	1085 mm	1085 mm	1085 mm
D = Hintere Fahrzeug-Überhanglänge	1108 mm	1615 mm	2075 mm	2475 mm
D' = Hintere Rahmen-Überhanglänge	950 mm	1170 mm	1640 mm	2040 mm
E = Höhe über Fahrerhaus, unbelastet	2760 mm	2760 mm	2760 mm	2760 mm
F = Länge der Ladefläche	—	4000 mm	5000 mm	6000 mm
G = Breite der Ladefläche	—	2320 mm	2336 mm	2336 mm
H = Bordwandhöhe	—	400 mm	500 mm	500 mm
K = Höhe der Ladefläche, belastet	—	1260 mm	1240 mm	1240 mm
L = Höhe der Ladefläche über Rahmenoberkante	875 mm	875 mm	875 mm	875 mm
M = Breite über alles		2500 mm	2500 mm	2500 mm
N = Spurweite vorn		1900 mm	1900 mm	1900 mm
O = Spurweite hinten		1763 mm	1763 mm	1763 mm
P = Maß über äußere Hinterräder		2398 mm	2398 mm	2398 mm
Q = Abstand Mitte Anhängerkupplungsbolzen bis Mitte Hinterachse	980 mm	1140 mm	1750 mm	2150 mm
R = Höhe Mitte Anhängekuppl., belastet	762 mm	762 mm	762 mm	762 mm
S = Höhe über Plangestell, normal unbelastet ca.	—	—	3250 mm	3250 mm
T = Rahmenbreite	760 mm	760 mm	760 mm	760 mm
Kleinster Spurkreisdurchmesser	13,7 m	16,4 m	18,0 m	19,8 m
Kleinster Wendekreisdurchmesser	14,8 m	17,5 m	19,1 m	20,9 m
Bodenfreiheit vorn/hinten ca.	507/352 mm	507/352 mm	507/352 mm	507/352 mm

DAS FAHRGESTELL:

Lenkung: ZF-Einfingerlenkung

Kupplung: Einscheiben-Trockenkupplung Fichtel & Sachs LA 50

Wechselgetriebe: ZF-AK 6/55 Allklauen-Leichtschaltgetriebe mit 6 Vorwärts- und 1 Rückwärtsgang

Fußbremse: Druckluftbremse kombiniert mit Federspeicherbremse auf alle vier Räder wirkend. Trittplattenventil

Handbremse: Feststellbremse mit Unterstützung durch den Federspeicher - Bremszylinder auf die Hinterräder wirkend

Räder: Trilexräder mit Schrägschulterfelge Bereifung 11,00—20 eHD „verstärkt"

Kraftstoffbehälter: 8,0—20 — 1 Behälter = 130 l, 1 Reservebehälter auf Wunsch lieferbar

Vorderachse: Faustachse, gerade

Hinterachse: M·A·N-Bauweise, Tragachse vom Hinterachstriebwerk getrennt

GEWICHTE:

	Lastwagen mit Pritschenaufbau in Normalausführung Radstand 4600 mm	Kipper Radstand 4100 mm	Lkw mit Sonderaufbau Radstand 5200 mm	Sattelschlepper Radstand 3320 mm
Eigengewicht des Fahrgestelles ohne Fahrerhaus ..... ca.	4600 kg	4550 kg	4680 kg	4470 kg
Eigengewicht des Fahrgestells mit Fahrerhaus ..... ca.	5000 kg	4950 kg	5080 kg	4870 kg
Eigengewicht des betriebsfähigen Fahrzeuges (ohne Werkzeug, Spriegel, Plane, Reservereifen und Fahrer) je nach Aufbau ..... co.	5800 kg	6200 kg	6000 kg	—
Leergewicht des betriebsfertigen Fahrzeuges (einschl. 1 bereiften Reserverefelge, Fahrer und Werkzeug) je nach Aufbau co.	6200 kg	6500 kg	6400 kg	6000 kg
Rahmentragfähigkeit	8600 kg	9050 kg	8920 kg	9130 kg
Zulässiger Vorderachsdruck	4300 kg	4300 kg	4300 kg	4300 kg
Zulässiger Hinterachsdruck	9700 kg	9700 kg	9700 kg	9700 kg
Zulässiges Fahrzeug-Gesamtgewicht	13300 kg	13600 kg	13300 kg	13600 kg
Zul. Anhänger-Gesamtgewicht	24000 kg	24000 kg	24000 kg	—
Zul. Lastzug-Gesamtgewicht	37000 kg	37600 kg	37000 kg	—

GESCHWINDIGKEITEN UND STEIGFÄHIGKEITEN:
für Lastwagen mit Pritschenaufbau u. Normalausführung, Radstand 4600 mm

	kg	kg	
Lastwagengewicht	12200		
Anhänger-Gesamtgewicht		24000	
Lastzug-Gesamtgewicht		37200	
Hinterachsübersetzung		6,175	

Gang	i	Geschw. km/h	Steigung %	Steigung %
1. Gang	9,35	7,4	36,8	11,8
2. Gang	5,47	12,6	20,8	6,1
3. Gang	3,74	18,4	13,5	3,5
4. Gang	2,42	28,4	8,0	1,6
5. Gang	1,59	43,3	4,6	0,4
6. Gang	1,00	*) 69,0	2,4	0,1
R. Gang	7,98	8,6	30,3	9,5

*) Gilt nur für Motorwagen ohne Anhänger

Obige Werte sind ermittelt für Reifengröße 11,00—20 eHD „verstärkt"

Änderungen vorbehalten. — Lt. VDA Revers, Techn. Angaben entspr. DIN 70020 u. 70030

MASCHINENFABRIK AUGSBURG - NÜRNBERG A.G. WERK NÜRNBERG

Printed in Germany

D 22 27 81 / Inland

9 A 6

M·A·N DIESEL

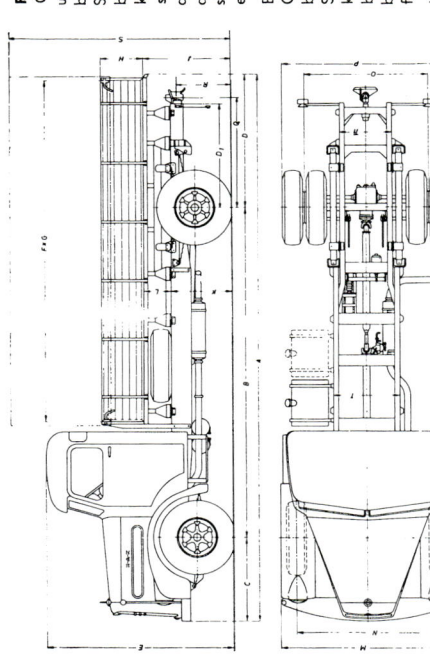

Lastwagen-Sondertyp 835 L1 – 135 PS

Dieser Lastwagen-Sondertyp ist durch große Tragfähigkeit und mittlere Motorleistung gekennzeichnet. Er ist der leistungsfähige, schnelle und wirtschaftliche Lastwagen der 8-to-Klasse für Betrieb mit und ohne Anhänger.

NEUERUNGEN UND VERBESSERUNGEN:

Der neue geräuscharme M·A·N-Dieselmotor (M-Motor), der nach einem neuen Verbrennungsverfahren arbeitet und bei noch günstigerem Kraftstoffverbrauch eine verbesserte Zugleistung im unteren Drehzahlbereich ergibt.

3fache Kraftstofffilterung, Öl-Haupt- und Nebenstromfilter, Ölbadluftfilter mit Frischluft-Ansaugung.

Ein neues vergrößertes Fahrerhaus ist mit allen Bequemlichkeiten für die Fahrer ausgestattet.

Eine verstärkte und verbesserte M·A·N-Hinter- und Vorderachse mit verbreiterten 20 mm starken Bremsbelägen erhöht die Sicherheit beträchtlich.

MOTOR:

6-Zylinder Viertakt-M·A·N-Dieselmotor mit direkter Einspritzung nach neuem Verfahren mit Dreh-Schwingungsdämpfer und besonders wirksamer Filterung.

Typ	D 1246 M 3
Bohrung/Hub	112/140 mm
Hubraum	8276 cm³ (nach Steuerformel 8218 cm³)
Leistung	135 PS bei 2100 U/min.

FAHRGESTELL:

Kupplung: Einscheiben-Trockenkupplung Typ LA 70

Wechselgetriebe: Sechsgang-Leichtschaltgetriebe Typ ZF AK 6/55

Hinterachse: M·A·N-Bauweise, Tragachse u. Triebachse getrennt, Seitengehäuse mit Stirnraduntersetzung

Vorderachse: Faustachse

Lenkung: Bauart ZF Einfingerlenkung

Fußbremse: Druckluftbremse auf alle 4 Räder wirkend, neue Betätigung durch leichtgängiges Trittplatten-Bremsventil

Handbremse: auf Hinterräder wirkend, verstärkt durch Federspeicher-Bremszylinder

Räder: Trilexräder mit Schrägschulterfelge 12.00 - 20 eHD

Bereifung: 12.00 - 20 eHD

Kraftstoffbehälter: 1 Behälter 130 l Inhalt

FAHRERHAUS:

Ganzstahl-Bauart; Rückblick-Eckfenster und -Mittelfenster; 2 elektrische Scheibenwischer; Türen mit Druckknopf-Schloß, Kurbelfenster und schwenkbarem Belüftungsfenster; seitl. Lüftungsklappen für Frischluftzufuhr; Rückblickspiegel rechts und links, Fahrtrichtungsanzeiger, Positionslampen am Dach; automatische Innenraum- und Trittstufenbeleuchtung beim Türöffnen; elektrisches Signalhorn.

Beste Innenverkleidung, Fußboden mit Gummimatten, Armstütze, aufklappbarer Beifahrer-Tisch, Gepäcknetz, Sonnenblende, Handschuhkasten, Deckenleuchte, 2 Leseleuchten, eingebaute Aschenbecher; allseitig verstellbarer Fahrersitz; ausziehbarer Beifahrersitz.

Instrumentenbrett mit Tachograph, Öldruckanzeiger, Kühlwasser-Fernthermometer mit Warnleuchte, Bremsdruckanzeiger mit Warnleuchte, Ladekontrolleuchte, Überdrehzahlwarngerät, Kontroll-Leuchte für Fahrtrichtungsanzeiger, Anlasser-Druckknopf.

AUSRÜSTUNG UND ZUBEHÖR:

Lichtmaschine 300 Watt, 12 Volt
Anlasser 6 PS, 24 Volt
2 Batterien 12 Volt, je 135 Ah
Zweizylinder-Luftpresser
Einbau-Scheinwerfer mit Handabblendung und Standlicht, Schluß- und Stopplicht, Handlampe mit Kabel, Reifenfüllanschluß mit Füllschlauch, Abschleppkupplung vorn, hydraulischer Wagenheber, Bordwerkzeug, Sicherheits-Anhängerkupplung und Anhängerbremsanschluß.

ABMESSUNGEN

		für Sattelschlepper	für Kipper	für LKW Normalaufbau	für Sonderaufbau
B	Radstände	4000 mm	4500 mm	5000 mm	5500 mm
A	Länge über alles	6485 mm	7140 mm	8090 mm	9090 mm
C	Vordere Fahrzeug-Überhanglänge	1220 mm	1220 mm	1220 mm	1220 mm
D	Hintere Fahrzeug-Überhanglänge	1195 mm	1350 mm	1800 mm	2300 mm
E	Höhe Rahmen-Überhanglänge	1040 mm	1040 mm	1870 mm	
F	Höhe über Fahrerhaus	2745 mm	2745 mm	2745 mm	2745 mm
G	Länge der Ladefläche		4000 mm	5000 mm	6000 mm
H	Breite der Ladefläche		2320 mm	2340 mm	2340 mm
J	Höhe der Ladefläche, belastet		500 mm	(00 mm	600 mm
K	Bordwandhöhe		1325 mm	1305 mm	1305 mm
L	Rahmenhöhe, belastet	900 mm	900 mm	900 mm	900 mm
M	Höhe Ladefläche üb. Rahmenoberkante		405 mm	405 mm	405 mm
N	Spurweite vorn	2500 mm	2500 mm	2500 mm	2500 mm
O	Spurweite hinten	2052 mm	2052 mm	2052 mm	2052 mm
P	Maß über äußere Hinterräder	2450 mm	2450 mm	2450 mm	2450 mm
Q	Abstand Mitte Anhängerkupplungsbolzen bis Mitte Hinterachse	1065 mm	1065 mm	1475 mm	1975 mm
R	Höhe über Plangestell, normal, unbelastet	807 mm	807 mm	807 mm	807 mm
				3300 mm	3300 mm
S	Rahmenbreite vorn	950 mm	950 mm	950 mm	950 mm
T	Rahmenbreite hinten	760 mm	760 mm	760 mm	760 mm
	Kleinster Spurkreisdurchmesser	15,1 m	18,2 m	18,2 m	20,0 m
	Kleinster Wendekreisdurchmesser	16,5 m	18,0 m	18,0 m	21,4 m
	Bodenfreiheit vorn hinten	255.365 mm	255.365 mm	255.365 mm	255.365 mm

GEWICHTE

für Lastwagen mit Pritschenaufbau in Normalausführung Radstand 5000 mm

Eigengewicht des Fahrgestells ohne Fahrerhaus	ca.	5500 kg
Eigengewicht des betriebsfertigen Fahrzeuges (ohne Werkzeug, Spiegel, Plane, Reserverad und Fahrer)	ca.	6600 kg
Leergewicht des betriebsfertigen Fahrzeuges (einschließlich einer Reserveräder, Fahrer und Werkzeug)	ca.	6850 kg
Rahmentragfähigkeit	ca.	9500 kg

zulässiger Vorderachsdruck	kg	5000 kg
zulässiger Hinterachsdruck	kg	10 000 kg
Anhänger-Gesamtgewicht:		15 000 kg
bei einer Lastzugsteigfähigkeit von 13,5 %		
bei einer Lastzugsteigfähigkeit von 10,8 %		16 000 kg
zulässiges Lastzug-Gesamtgewicht	kg	22 000 kg
		37 000 kg

GESCHWINDIGKEITEN UND STEIGFÄHIGKEITEN

Lastwagengewicht	kg	15 500		
Anhänger-Gesamtgewicht	kg	16 000		22 000
Lastzug-Gesamtgewicht	kg	31 500		37 000
Hinterachsübersetzung		6,08		

Schaltgetriebe-Übersetzung	Geschw. km/h	Steigung %	Steigung %	Steigung %
1. Gang 9,35	7,8	30,0	13,5	10,8
2. Gang 5,47	13,3	16,8	7,1	5,5
3. Gang 3,74	19,5		4,2	1,3
4. Gang 2,42	30,0	6,3	2,0	0,2
5. Gang 1,59	46,0	3,4	0,6	0,1
6. Gang 1,0	76,0	1,6		
R.-Gang 7,98	*)9,2	24,6	10,8	8,6

Kleinste Geschwindigkeit im 1. Gang bei Drehmomentspitze . . . 4,3 km/h
Kleinste Geschwindigkeit im 1. Gang in der Ebene . . . 1,8 km/h

*) Gilt nur für Motorwagen ohne Anhänger.

Obige Werte sind ermittelt für Reifengröße 12.00—20 eHD.
Änderungen vorbehalten. lt. VDA-Revers, Techn. Angaben entspr. DIN 70 020 und DIN 70 030.

MASCHINENFABRIK AUGSBURG-NÜRNBERG A.G. WERK NÜRNBERG

D 22 27 83 Inl.

Printed in Germany

10 A 6

M·A·N DIESEL

EXPORTTYP 835 L1 - 135 PS

Für schwersten Betrieb ohne und mit Anhänger sowie Sattelanhänger

Neuerungen und Verbesserungen:

M·A·N-Dieselmotor mit neuem, geräuscharmem Verbrennungsverfahren, das noch geringeren Kraftstoffverbrauch und verbesserte Zugleistung ergibt.
Vergrößertes Fahrerhaus mit allen Bequemlichkeiten für Fahrer und Beifahrer gemäß nachfolgender Beschreibung.
Verstärkte und verbesserte M·A·N-Hinter- und Vorderachse mit verbreiterten 20 mm starken, geschraubten Bremsbelägen.

MOTOR:

6-Zylinder Viertakt-M·A·N-Dieselmotor mit direkter Einspritzung nach neuem „M-Verfahren"
mit Dreh-Schwingungsdämpfer und besonders wirksamer Filterung:
3fache Kraftstoffilterung, Öl-Haupt- und Nebenstromfilter, Ölbadluftfilter mit Frischluft-Ansaugung

Typ .... D 1246 M 3

Bohrung/Hub	112/140 m	Drehmoment	52 mkg
Hubraum	8276 cm²	Leistung	135 PS bei 2100 U/min.

FAHRGESTELL:

Kupplung: Einscheiben-Trockenkupplung Typ LA 70

Wechselgetriebe: Sechsgang-Leichtschaltgetriebe Type ZF AK 6/55

Hinterachse: M·A·N-Bauweise, Tragachse u. Triebachse getrennt, Seitengehäuse mit Stirnraduntersetzung

Vorderachse: Faustachse

Lenkung: Bauart ZF Einfingerlenkung

Fußbremse: Druckluftbremse, auf alle 4 Räder wirkend, neue Betätigung durch leichtgängiges Trittplatten-Bremsventil

Handbremse: auf Hinterräder wirkend, verstärkt durch Servo-Bremszylinder

Räder: Trilexräder mit Schrägschulterfelge 8,5—20

Bereifung: 12.00-20 Stahlcord

Kraftstoffbehälter: 1 Behälter 130 l Inhalt

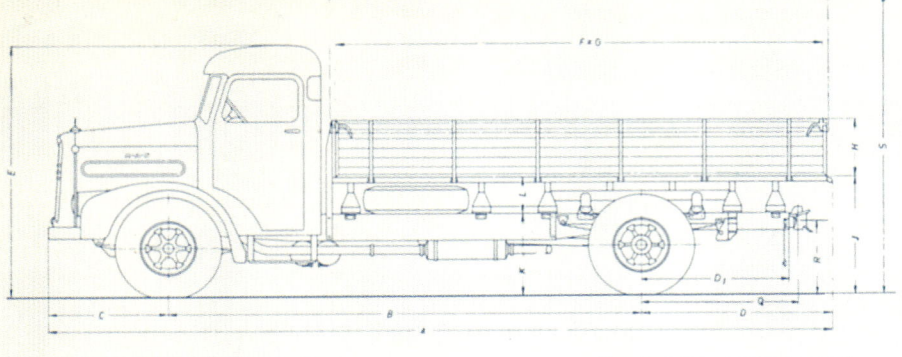

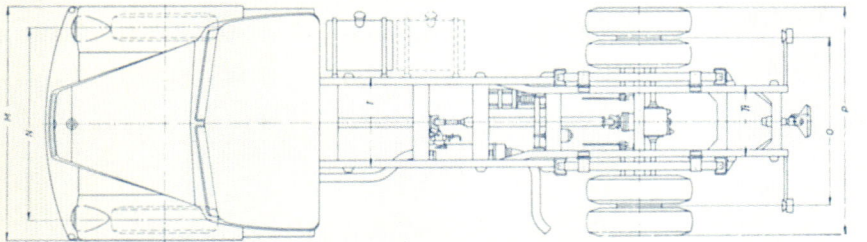

FAHRERHAUS:

Ganzstahl-Bauart; Rückblick-Eckfenster und -Mittelfenster, 2 elektrische Scheibenwischer; Türen mit Druckknopf-Schloß, Kurbelfenster und schwenkbarem Belüftungsfenster; seitl. Lüftungsklappen für Frischluftzufuhr; Rückblickspiegel rechts und links, Fahrtrichtungsanzeiger, Positionslampen am Dach; automatische Innenraum- und Trittstufenbeleuchtung beim Türöffnen; elektrisches Signalhorn.

Beste Innenverkleidung, Fußboden mit Gummimatten, Armstütze, aufklappbarer Beifahrer-Tisch, Gepäcknetz, Sonnenblende, Handschuhkasten, Deckenleuchte, 2 Leseleuchten, eingebaute Aschenbecher; allseitig verstellbarer Fahrersitz; ausziehbarer Beifahrersitz.

Instrumentenbrett mit Tachometer, Öldruckanzeiger, Kühlwasser-Fernthermometer mit Warnleuchte, Bremsdruckanzeiger mit Warnleuchte, Ladekontroll-Leuchte, Überdrehzahlwarngerät, Kontroll-Leuchte für Fahrtrichtungsanzeiger, Anlasser-Druckknopf.

AUSRÜSTUNG UND ZUBEHÖR:

Lichtmaschine 300 Watt, 12 Volt
Anlasser 6 PS, 24 Volt
2 Batterien 12 Volt, je 135 Ah
Zweizylinder-Luftpresser
Einbau-Scheinwerfer mit Handabblendung und Standlicht, Schluß- und Stopplicht, Handlampe mit Kabel, Reifenfüllanschluß mit Füllschlauch, Abschleppkupplung vorn, hydraulischer Wagenheber, Bordwerkzeug.

ABMESSUNGEN:

Unterschiedlich für Radstand:	4000 mm für Spezial-Kipper- und Sattelschlepper	4500 mm für Kipper	5000 mm für Normalausführung	5500 mm für Sonderaufbauten
A = Länge über alles	6330 mm	7140 mm	8090 mm	9090 mm
D1 = Fahrgestellüberhang hinten	1040 mm	1040 mm	1370 mm	1870 mm
D = Brückenüberhang hinten . .	—	1350 mm	1800 mm	2300 mm
F = Brückenlänge innen	—	4000 mm	5000 mm	6000 mm
J = Höhe des Brückenbodens (belastet)	—	1320 mm	1305 mm	1305 mm
L = Höhe des Brückenbodens über Rahmenoberkante	—	420 mm	405 mm	405 mm
Q = Abstand Mitte Anhängerkupplungsbolzen bis Mitte Hinterachse	1065 mm	1065 mm	1475 mm	1975 mm
Kleinster Spurkreis-Durchmesser (Mitte äußeres Vorderrad)	15,1 m	16,6 m	18,2 m	20,0 m

Gleich für alle Radstände:

C = Fahrzeugüberhang vorn	1220 mm	O = Spurweite hinten	1784 mm
E = Höhe über Fahrerhaus, unbelastet . .	2745 mm	P = Maß über äußere Hinterräder . .	2450 mm
G = Brückenbreite innen	2340 mm	R = Höhe Mitte Anhängerkupplung, belastet	807 mm
H = Bordwandhöhe normal *)	600 mm		
K = Rahmenhöhe belastet	900 mm	S = Höhe über Plangestell normal, unbelastet	3300 mm
M = Breite über alles	2500 mm	T = Rahmenbreite vorn	950 mm
N = Spurweite vorn	2052 mm	T1 = Rahmenbreite hinten	760 mm
*) 500 mm für Kipper		Bodenfreiheit vorn/hinten . .	255/365 mm

ACHSDRÜCKE UND GEWICHTE (für Normal-Radstand 5000 mm):

zulässiges Fahrzeuggesamtgewicht	17 000 kg
zulässiger Vorderachsdruck	5 600 kg
zulässiger Hinterachsdruck	11 800 kg
Rahmentragfähigkeit	11 500 kg
Anhänger-Gesamtgewicht bei Lastzugsteigfähigkeit 12,8 %	16 000 kg
Anhänger-Gesamtgewicht bei Lastzugsteigfähigkeit 10,8 %	21 000 kg
Lastzug-Gesamtgewicht	38 000 kg
Fahrgestellgewicht ohne (mit) Fahrerhaus (betriebsfertig) . . . . . . ca. 5500 kg	(5870) kg
Leergewicht des betriebsfertigen Fahrzeuges mit Fahrerhaus und Brücke (einschl. 1 bereiften Reservefelge, Fahrer, Werkzeugen und Kraftstoff) . . . . ca.	7 000 kg

GESCHWINDIGKEITEN UND STEIGFÄHIGKEITEN:

Lastwagengewicht	kg	17 000		
Anhänger-Gesamtgewicht	kg		16 000	21 000
Lastzug-Gesamtgewicht	kg		33 000	38 000
Hinterachsübersetzung		6,08		
Schaltgetriebe-Übersetzung	Geschw. km/h	Steigung %	Steigung %	Steigung %
1. Gang . . . . i = 9,35	7,8	26,6	12,8	10,8
2. Gang . . . . i = 5,47	13,3	14,8	6,6	5,5
3. Gang . . . . i = 3,74	19,5	9,4	3,9	3,1
4. Gang . . . . i = 2,42	30,0	5,5	1,8	1,3
5. Gang . . . . i = 1,59	46,0	2,8	0,5	0,2
6. Gang . . . . i = 1,0	73,0	1,3	—	0,1
R. Gang . . . . i = 7,98	9,2	21,7	10,2	8,6

Änderungen vorbehalten.

MASCHINENFABRIK AUGSBURG-NÜRNBERG A.G. WERK NÜRNBERG

D 22 27 83 / Exp.   Printed in Germany   9 A 2

DER INGENIEUR:

„Seit dem Bau des 1. Dieselmotors in unserem Werk Augsburg durch Rudolf Diesel im Jahre 1897 wurde in steter Weiterentwicklung das große Ziel verfolgt: Wirtschaftlichkeit und Zuverlässigkeit.

Beim Fahrzeugdiesel heißt das: niedriger Treibstoffverbrauch und geringer Materialverschleiß. Der 8-Zylinder M·A·N-Fahrzeugdieselmotor mit 180 PS ist in diesem Sinne konstruiert und ausgereift. Der spezifische Kraftstoffverbrauch von 160—170 gr pro PSh kann sich schon sehen lassen."

DER SPEDITEUR:

„Ich habe mit M·A·N-Lastwagen nur die besten Erfahrungen gemacht. Vor allem sind M·A·N-Fahrzeuge hinsichtlich ihrer Wirtschaftlichkeit kaum zu übertreffen. Dabei bietet speziell der F 8 für unsere Branche besondere Vorteile durch seine Robustheit, die gerade bei uns unbedingt erforderlich ist."

... nun können S

rechen aus Erfahrung

DER KIPPERFAHRER:

„Wenn schweres Schüttgut und eine schwierige Strecke zu fahren ist, dann muß der F 8 ran. Das robuste Fahrgestell mit seinem 180 PS-Dieselmotor schleppt schon was weg. Beim Kilometerstand von 137 000 habe ich erstmals die Hinter-Reifen gewechselt und da der Kraftstoffverbrauch auch sehr gering ist, freut sich mein Chef immer wieder über den F 8."

DER FERNFAHRER:

„Der F 8 hält was er verspricht. In nunmehr 2 Jahren habe ich ihn 183 000 km ohne nennenswerte Störung gefahren und ich glaube zuversichtlich, daß ich bei guter Pflege noch die Goldene Plakette für ihn bekommen werde. Dabei bin ich meist in bergigem Gelände mit 30 und 35 t Nutzlast unterwegs."

lbst urteilen!

DAS FLIESSBAND

Ein Stamm langjähriger Facharbeiter ist am Fließband mit der Montage beschäftigt. An beiden Seiten des Bandes werden Halbfabrikate aus anderen Abteilungen angeliefert und es ist erstaunlich zu sehen, mit welcher Genauigkeit und sicheren Griffen hier Teil an Teil gefügt wird. Man kann das Fahrzeug förmlich wachsen sehen. Von Zeit zu Zeit rückt das Band weiter und am Ende verläßt wieder ein fertiger Schwerstlastwagen die Halle.

Das Zweiachsfahrzeug für Schwersttransporte aller Art · 9750 kg Fahrgestelltragfähigkeit

M·A·N·Hinterachse
Tragachse vom Triebwerk getrennt.

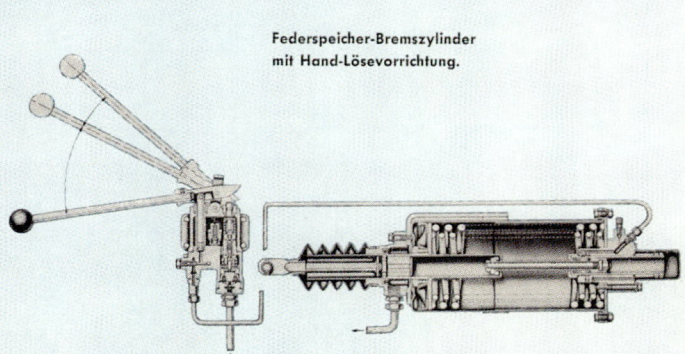

Federspeicher-Bremszylinder
mit Hand-Lösevorrichtung.

DIE KONSTRUKTION

Mit dem Typ F 8 setzt die M·A·N ihre Tradition im Schwerstlast-
wagenbau fort. Kräftige Bauweise und eine Ausführung, die den
größten Beanspruchungen standhält, sind Merkmale, die sich
aus den fast 40-jährigen Erfahrungen im Lastwagenbau mit den
neuesten technischen Erkenntnissen vereinigen. Die Belastbarkeit
dieses zuverlässigen Fahrzeugtyps ist höher, als die Bestimmungen
über das gesetzliche Höchstgewicht zulassen.

Abmessungen für Radstand 4900 mm:

A = Länge über alles	7930 mm	F = Länge der Ladefläche	5000 mm	O = Spurweite hinten	1750 mm
B = Radstand	4900 mm	G = Breite der Ladefläche	2336 mm	P = Maß über äußere Hinterräder	2470 mm
C = Vordere Fahrzeug-Überhang-länge	1220 mm	H = Bordwandhöhe	700 mm	Q = Abstand Mitte Anhängerkupplungs-bolzen bis Mitte Hinterachse	1430 mm
D = Hintere Fahrzeug-Überhang-länge	1690 mm	J = Höhe der Ladefläche, belastet	1330 mm	S = Höhe über Plangestell normal, unbelastet	3300 mm
D1 = Hintere Rahmen-Überhanglänge	1320 mm	K = Rahmenhöhe, belastet	ca. 930 mm	R = Rahmenbreite hinten	620 mm
E = Höhe über Fahrerhaus, unbelastet	2800 mm	L = Höhe Ladefläche über Rahmen-oberkante	410 mm	T = Rahmenbreite vorn	920 mm
		M = Breite über alles	2500 mm	Bodenfreiheit 280 mm vorn, 339 mm hinten	
		N = Spurweite vorn	2050 mm		

DER MOTOR

Im 8-Zylinder M·A·N-Diesel-Motor mit 180 PS sind die Erfahrungen
eines halben Jahrhunderts Dieselmotorenbaues vereinigt. Der
niedrige spezifische Brennstoffverbrauch von 160—170 gr/PSh
wird durch die direkte Strahleinspritzung in den Kugelbrennraum
erreicht. Hiermit wird auch das hervorragende Startvermögen
begründet.

Die kurze Baulänge durch V-Anordnung — vollständiger Massen-
ausgleich durch 90° Gabelwinkel · Motoraufhängung an vorderer
und hinterer Stahlplatte — vollkommene Staubabdichtung aller
Wellendurchtritte sind Vorteile, die für sich sprechen.

Der wirtschaftliche und sparsame Motor mit direkter Strahleinspritzung in den Kugelbrennraum des Kolbens

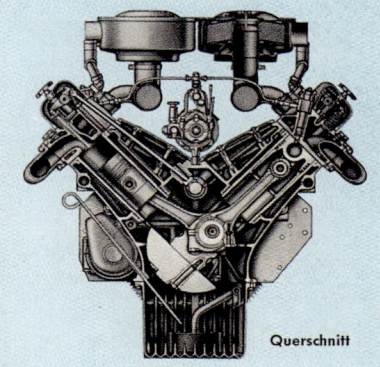

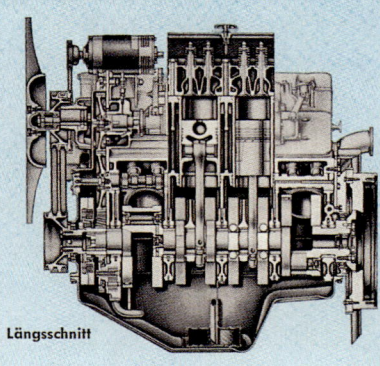

Typ D 1548 G

Arbeitsverfahren	Viertakt
Hub	140 mm
Bohrung	115 mm
Zylinderzahl	8
Hubraum	11663 m³
Leistung	180 PS
Drehmoment	70 mkg
Drehzahl	2000 U/min.
Spez. Kraftstoffverbrauch	160/170 g/PSh
Kraftstoffnormverbrauch	22,5 Ltr./100 km

Querschnitt

Längsschnitt

Abmessungen des Fahrgestells:

Radstände	Wendekreis am äuß. Vorderrad
3800 mm für Sattelschlepper	15,7 m
4300 mm für Kipper	17,9 m
4900 mm für Lastwagen mit Normalaufbau . . .	19,9 m
5500 mm für Lastwagen mit Sonderaufbau . .	21,7 m
Spurweite, vorn	2050 mm
Spurweite, hinten	1750 mm

(von Mitte zu Mitte Doppelreifen)

Bodenfreiheit . . . . . . 280 mm vorn / 390 mm hinten

Abmessungen des Pritschenwagens

(Normalausführung bei 4900 mm Radstand)

Höhe über Fahrerhaus, belastet	2660 mm
Bordwandhöhe	700 mm
Ladehöhe (belastet)	1330 mm

Kennzeichen:

Motor: 180 PS, M·A·N-Diesel V 8-Zylinder
Getriebe: Allklauen-Leichtschaltgetriebe, 6 Vorwärtsgänge, 1 Rückwärtsgang
Räder: Trilex-Räder mit Felge 8,37 V—20
Reifen: 13.00—20 e. H. D.

Gewichte

(Lastwagen mit Pritschenaufbau in Normalausführung)
Radstand 4900 mm

Eigengewicht des Fahrgestells ohne Fahrerhaus ca.	6250 kg
betriebsfertiges Eigengewicht einschl. Fahrerhaus u. Brücke, ohne Werkzeug, Plane u. Spriegel ca.	7400 kg
Gewicht des betriebsf. Fahrzeuges (einschl. Fahrer u. Werkzeug), einschl. einer bereift. Reservefelge	7700 kg
Rahmentragfähigkeit	9750 kg
zulässiger Vorderachsdruck	5500 kg
zulässiger Hinterachsdruck	10500 kg
Fahrzeug-Gesamtgewicht	16000 kg
Anhänger-Gesamtgewicht	24000 kg
Lastzug-Gesamtgewicht	40000 kg

Nebenstehende Werte sind ermittelt für Reifengröße 13.00—20 e. H. D. →

Vorderachse: Faustachse
Hinterachse: M·A·N-Bauweise, Tragachse vom Triebwerk getrennt
Fußbremse: Druckluftbremse, Luftverdichter mit hoher Leistung
Handbremse: Feststellbremse mit Unterstützung durch Federspeicher-Bremszylinder, über Gestänge auf die Hinterräder wirkend

Fahrgeschwindigkeiten · Übersetzungen Steigfähigkeiten

	Hinterachsuntersetzung 7,2		
	Fahr- geschwindigkeit km/h	Steigfähigkeit % ohne Anhänger	Lastzug-Ges.- Gewicht 40 000 kg
1. Gang	6,6	42,3	15,7
2. Gang	10,3	26,3	9,3
3. Gang	15,7	16,6	5,5
4. Gang	24,2	9,9	2,8
5. Gang	37,8	5,6	1,0
6. Gang	60,0	2,9	—
Rückw.-Gang	7,0	39,4	14,5

Federn: vorn: Kräftige Halbelliptikfedern
hinten: Stufenfedern
Fahrerhaus: Ganzstahlbauweise, daher äußerste Sicherheit, verstellbarer Fahrersitz
Brennstoffbehälter: 1 Behälter zu 130 Ltr., 1 Reservebehälter zu 130 Ltr.

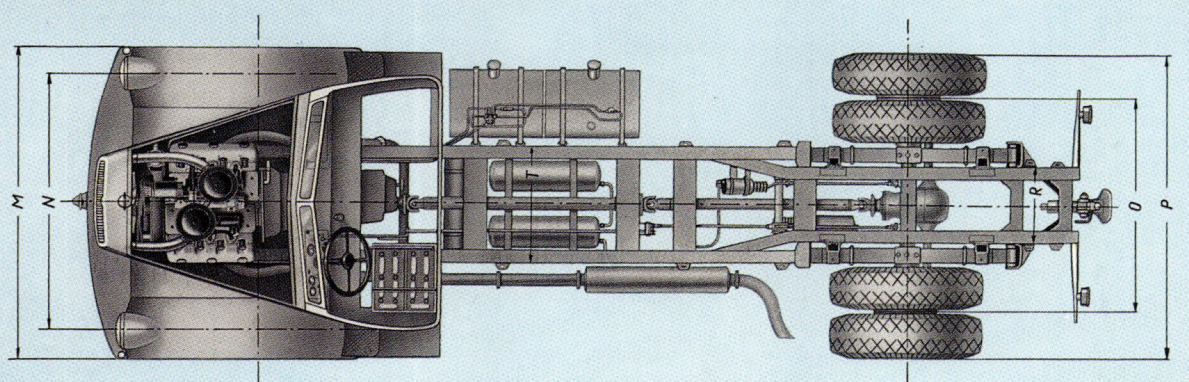

Die Vielfalt der Verwendungsmöglichkeiten beim M·A·N-Lastwagen!

MAN DIESEL

MASCHINENFABRIK AUGSBURG - NÜRNBERG A.G. WERK NÜRNBERG

F 8

8 Y 10
Printed in Germany

D 22 24 95

MAN DIESEL

F 8

M·A·N DIESEL

TYP 735 L1

7 Tonnen-Klasse – 135 PS

Das Fahrgestell

Ein stabiler, kräftiger Rahmen ist das Rückgrat des Fahrgestells. Er besteht aus kräftigen U-Profil-Längsträgern mit eingenieteten Querträgern. Ein beweglich aufgehängtes Zwischenlager ergibt einen erschütterungsfreien Lauf der Kardanwelle. Eine, durch progressiv wirkende Zusatzfedern an der Hinterachse verstärkte, gut abgestimmte Federung gleicht die Unebenheiten der Fahrbahn aus, so daß auch empfindliches Ladegut sicher und gefahrlos transportiert werden kann.

Zweckmäßig und bequem –

diese Eigenschaften für ein ermüdungsfreies Fahren besitzt das Fahrerhaus in hohem Maße. Es bietet für drei Personen ausreichend Platz. Der mit Schaumgummi gepolsterte Fahrersitz ist horizontal und vertikal verstellbar. Die Armaturen liegen sämtlich im Blickfeld des Fahrers und alle Bedienungshebel sind leicht erreichbar. Schwenkfenster auf beiden Seiten, Klapptisch, Leselampen, Gepäcknetz und Sonnenblende sind einige der Gegenstände, die das Fahrerhaus zu einem angenehmen und bequemen Aufenthalt werden lassen. Großdimensionierte Gummipuffer bei der Befestigung des Fahrerhauses am Rahmen und dicke Stoffverkleidung im Innern des Fahrerhauses bewirken eine weitgehende Dröhnfreiheit.

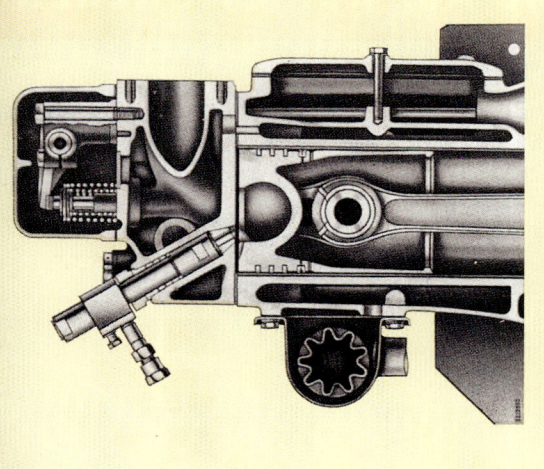

Der M-Motor Typ D 1246 M 3

ist nach den neuesten Erkenntnissen konstruiert, wobei die reichen Erfahrungen der M·A·N im Dieselmotorenbau verwertet wurden. Außer dem M-Verfahren weist er noch eine Reihe bemerkenswerter Einzelheiten auf. Ein großdimensionierter Wirbel-Ölbad-Filter scheidet auch die kleinsten Staubteilchen in der Ansaugluft aus. Die auswechselbaren, trockenen Zylinderlaufbüchsen sind aus besonders verschleißfestem Werkstoff und garantieren zusammen mit den Kolben, die durch Ölstrahl gekühlt werden und deren oberste Ringe verchromt sind, eine überaus lange Laufzeit. Die kräftig bemessene Kurbelwelle ist siebenfach gelagert. Die Lagerstellen sind besonders gehärtet, wodurch sich eine praktisch unbegrenzte Lebensdauer ergibt. Sorgfältigste Auswuchtung und ein Schwingungsdämpfer sorgen für erschütterungsfreien Lauf im ganzen Drehzahlbereich. Ein Drehzahlwarngerät signalisiert dem Fahrer das Erreichen gefährlicher Überdrehzahlen. Zur bestmöglichen Anpassung des Einspritzzeitpunktes an die Drehzahl ist ein automatischer Spritzversteller eingebaut. Der Kraftstoff wird dreifach gefiltert und auch das Öl wird durch ein Siebfilter und ein Nebenstromfeinfilter ständig rein gehalten. Ein Wärmeaustauscher in der Ölwanne verhindert eine Überhitzung des Öles. Die weitgehend wartungsfreie Wasserpumpe hält das Kühlwasser ununterbrochen in Umlauf. Alles in allem ein Motor mit außergewöhnlichen Vorzügen und besonders langer Lebensdauer.

Geräuscharm, sparsam und elastisch

sind die Haupteigenschaften der M·A·N-Fahrzeugdieselmotoren, die alle nach dem von M·A·N entwickelten M-Verfahren arbeiten. Bei diesem Verfahren hat der Brennraum eine halbkugelige Form und liegt in der Mitte des Kolbens. Dadurch, sowie durch eine besondere Ölspritzkühlung wird eine gleichmäßige und trotz hoher Motorleistung niedrige Wärmebeanspruchung des Kolbens erreicht. Der Kraftstoff wird durch eine Zweilochdüse auf besondere Art eingespritzt und mit der in kreisende Bewegung versetzten Luft innig vermischt; einer der Gründe für den weichen und geräuschlosen Ablauf der Verbrennung. Durch einen neuartigen Einbau der Düse wird ein Verkoken der Spritzbohrungen oder ein Undichtwerden des Nadelsitzes vermieden. Das M-Verfahren verleiht dem Motor außer einem sehr niedrigen Kraftstoffverbrauch eine praktisch geräuschlose Verbrennung, verbunden mit größter Elastizität und einem überraschend weichen Lauf, so daß auch bei höchster Leistung die größte Lebensdauer garantiert ist.

Leistung und Kraftstoffverbrauch des Motors

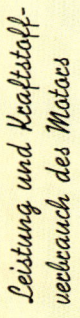

Arbeitsverfahren: Viertakt-Diesel, direkte Einspritzung, geräuscharm

Hub	140 mm
Bohrung	112 mm
Zylinderzahl	6
Hubraum	8276 cm³
Leistung	135 PS - 2100 U/min
Drehmoment	52 mkg-1300 U/min

Die Bremsen

Um unseren Lastwagen größtmögliche Sicherheit im Verke
tion des Bremssystems besondere Beachtung geschenkt.
Druckluftbremsen, der Federspeicher-Bremszylinder, wire
Bei Ausfall der Druckluft bewirkt der Federspeicher ein s
Beim normalen Bremsvorgang erhöht er den Bremsdru
Bremsfläche wurde auf das größte konstruktiv mögliche
beträgt 20 mm. Schauschlitze in den Bremstrommeln er
Bremsbeläge von außen, d. h. ohne daß dazu die Rä
Trittplattenventil, zur Betätigung der Fußbremse, gesta
Anhalten auch bei unbeladenem Fahrzeug.

Auf besonderen Wunsch kann noch eine Motorbremse
gebaut werden.

Die seit Jahrzehnte

Werk München

Hell und freundlich sind die großen Hallen des Werkes, in dem jetzt die M-A-N-
Lastwagen gebaut werden. Sie beeinflussen damit in günstiger Weise die saubere und
genaue Arbeit der mit dem Bau der Lastwagen beschäftigten Leute. Moderne und
rationelle Fertigungsmethoden sind die Kennzeichen der neuen Fabrikationsstätten. Ein
erfahrener Facharbeiterstamm, die Verwendung von hochwertigem Material und sorgfältige
Prüfungen während des ganzen Herstellungsprozesses bürgen für die Qualität jedes einzelnen Fahrzeuges.

Steigfähigkeiten und Geschwindigkeiten

1. Gang

STEIGFÄHIGKEITEN

Lastwagengewicht	kg	14 000	
Anhänger-Gesamtgewicht	kg		24 000
Lastzug-Gesamtgewicht	kg		38 000
Bereifung		i1,00—20 eHD „verstärkt"	
Hinterachsübersetzung		6,175	
		%	%
1. Gang .... i = 9,35		40,7	12,8
2. Gang .... i = 5,47		21,8	6,6
3. Gang .... i = 3,74		14,0	3,8
4. Gang .... i = 2,42		8,3	1,8
5. Gang .... i = 1,59		4,7	0,5
6. Gang .... i = 1,00		2,3	0,1
R.-Gang ...... i = 7,98		36,4	11,3

2. Gang

3. Gang

GESCHWINDIGKEITEN

Lastwagengewicht	kg		14 000
Bereifung		11.00—20 eHD „verstärkt"	
Hinterachsübersetzung		6,175	
		Geschwindigkeit km/h bei max. Motordrehzahl	bei max. Motordrehmoment
1. Gang .... i = 9,35		7,4	4,4
2. Gang .... i = 5,47		12,6	7,5
3. Gang .... i = 3,74		18,4	11,0
4. Gang .... i = 2,42		28,4	17,0
5. Gang .... i = 1,59		43,4	25,8
6. Gang .... i = 1,00		*)69,0	*)41,0
R.-Gang ...... i = 7,98		8,6	5,1

*) nur für Motorwagen ohne Anhänger bei mittlerer Abregel-
drehzahl

Die angegebenen Steigfähigkeiten und Geschwindigkeiten gelten für Lastwagen in Normalausführung mit Pritschenaufbau, Radstand 4600 mm.

4. Gang

5. Gang

6. Gang

M·A
DIES

Typ 7

Typ 735 L 1

stigem Ver

Wirtschaftli

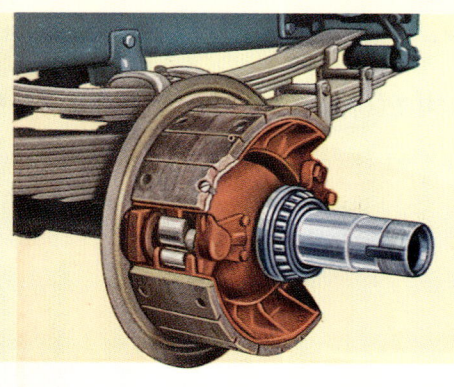

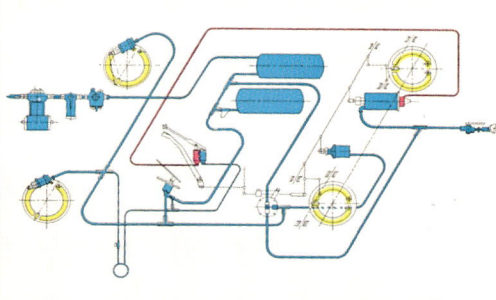

...ben wir der Konstruk-
...Merkmal der M·A·N-
...p 735 L 1 verwendet.
...sen des Fahrzeuges.
...rräder. Die wirksame
...die Bremsbelagstärke
...eichtes Überprüfen der
...a werden müssen. Ein
...remsen und ruckfreies

...r Auspuffbremse ein-

...hrte **M·A·N** Hinterachse

Als Hinterachse wird die seit Jahrzehnten in allen M·A·N-Fahrzeugen bewährte Konstruktion verwendet. Ihr besonderes Merkmal ist, daß alle Beanspruchungen aus der Fahrzeuglast und den Fahrbahn- stößen ausschließlich durch die Tragachse aufgenommen und von den beweglichen Teilen der Achse – dem Triebwerk – ferngehalten werden. Als Werkstoff für die Kegelräder wird hochlegierter Chrom- Nickel-Stahl verwendet. Die Schmierung der Antriebselemente im Achsmittelgehäuse und in den beiden Achsseitengehäusen erfolgt über eine mittels Exzenter angetriebene Ölpumpe und gewährleistet auf diese Weise, daß alle Zahnräder und Wälzlager laufend reich- lich mit Öl versorgt werden.

Die Vorderachse

besteht aus hochlegiertem Vergütungsstahl in Doppel-T-Profil.

... in der 7 Tonnen-Klasse

D 22 2833

135 PS

...stungsfähige und robuste Lastwagen der 7 Tonnen-Klasse. Sein niedriges Eigengewicht steht in gün- ...Nutzlast und gibt in Verbindung mit dem geringen Kraftstoffverbrauch die Gewähr für besondere ...s Fahrgestell ist für die verschiedensten Aufbauten geeignet und wird in vier Radständen geliefert.

TECHNISCHE ANGABEN FÜR DEN SCHWERLASTWAGEN TYP 735 L1

GEWICHTE

	Sattelschlepper Radstand 3320 mm	Kipper Radstand 4100 mm	Lastwagen mit Pritschenaufbau in Normalausführung Radstand 4600 mm	Lkw mit Sonderaufbau Radstand 5200 mm
Eigengewicht des Fahrgestelles ohne Fahrerhaus .... ca.	4 470 kg	4 550 kg	4 600 kg	4 680 kg
Eigengewicht des Fahrgestelles mit Fahrerhaus ...... ca.	4 870 kg	4 950 kg	5 000 kg	5 080 kg
Eigengewicht des betriebsfähigen Fahrzeuges (ohne Werkzeug, Spiegel, Plane, Reservereifen und Fahrer) je nach Aufbau ... ca.	—	6 200 kg	5 800 kg	6 000 kg
Leergewicht des betriebsfertigen Fahrzeuges (einschl. 1 bereiften Reserverefle, Fahrer und Werkzeug) je nach Aufbau ca.		6 500 kg	6 200 kg	6 400 kg
Rahmentragfähigkeit	9 130 kg	9 050 kg	9 000 kg	8 920 kg
Zulässiger Vorderachsdruck	4 400 kg	4 400 kg	4 400 kg	4 400 kg
Zulässiger Hinterachsdruck	10 000 kg	10 000 kg	10 000 kg	10 000 kg
Zulässiges Fahrzeug-Gesamtgewicht	14 000 kg	14 000 kg	14 000 kg	14 000 kg
Zulässiges Anhänger-Gesamtgewicht	24 000 kg	24 000 kg	24 000 kg	24 000 kg
Zulässiges Lastzug-Gesamtgewicht	38 000 kg	38 000 kg	38 000 kg	38 000 kg

FAHRERHAUS

Ganzstahl-Bauart; Rückblick-Eckfenster und -Mittelfenster; 2 elektrische Scheibenwischer; Türen mit Druckknopf-Schloß, Kurbelfenster und schwenkbarem Belüftungsfenster; seitliche Lüftungsklappen für Frischluftzufuhr; Rückblickspiegel rechts und links, Fahrtrichtungsanzeiger, Positionslampen am Dach; automatische Innenraum- und Trittstufenbeleuchtung beim Türöffnen; elektrisches Signalhorn. Beste Innenverkleidung, Fußboden mit Gummimatten, Armstützen, aufklappbarer Beifahrertisch, Gepäcknetz, Sonnenblende, Handschuhkasten, Deckenleuchte, 2 Leseleuchten, eingebaute Aschenbecher; allseitig verstellbarer Fahrersitz; ausziehbarer Beifahrersitz. Instrumentenbrett mit Tachometer, Öldruckanzeiger, Kühlwasser-Fernthermometer mit Warnleuchte, Bremsdruckanzeiger mit Warnleuchte, Ladekontroll-Leuchte, Überdrehzahlwarngerät. Kontroll-Leuchte für Fahrtrichtungsanzeiger, Anlasser-Druckknopf.

AUSRÜSTUNG UND ZUBEHÖR

Lichtmaschine 300 Watt, 12 Volt; Anlasser 4 PS, 24 Volt; 2 Batterien 12 Volt, je 135 Ah; Zweizylinder-Luftpresser.

Einbau-Scheinwerfer mit Handabblendung und Standlicht, Schluß- und Stopplicht, Handlampe mit Kabel, Reifenfüllanschluß mit Füllschlauch, Abschleppkupplung vorn, hydraulischer Wagenheber, Bordwerkzeug.

FAHRGESTELL

Lenkung: ZF-Einfingerlenkung
Kupplung: Einscheiben-Trockenkupplung Fichtel & Sachs LA 50
Wechselgetriebe: ZF AK 6/55 Allklauen-Leichtschaltgetriebe mit 6 Vorwärts- und 1 Rückwärtsgang
Fußbremse: Druckluftbremse kombiniert mit Federspeicherbremse auf alle vier Räder wirkend. Trittplattenventil
Handbremse: Feststellbremse mit Unterstützung durch den Federspeicher-Bremszylinder auf die Hinterräder wirkend
Räder: Trilexräder mit Schrägschulterfelge 8,0—20
Bereifung 11,00—20 eHD „verstärkt"
Kraftstoffbehälter: 1 Behälter = 130 l, 1 Reservebehälter auf Wunsch lieferbar
Vorderachse: Faustachse, gerade
Hinterachse: M·A·N-Bauweise, Tragachse vom Hinterachstriebwerk getrennt

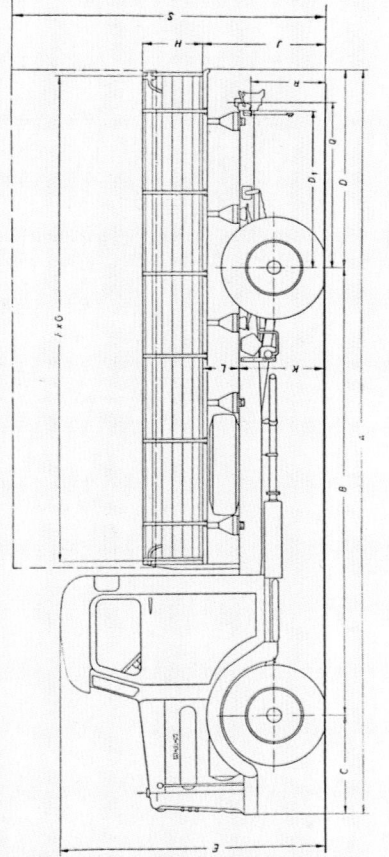

ABMESSUNGEN

		für Sattelschlepper	für Kipper	für Normalaufbau	für Sonderaufbau
B	Radstand	3320 mm	4100 mm	4600 mm	5200 mm
A	Länge über alles	5509 mm	6810 mm	7700 mm	8760 mm
C	Vordere Fahrzeug-Überhanglänge	1085 mm	1625 mm	2075 mm	2475 mm
D	Hintere Rahmen-Überhanglänge	1104 mm	1085 mm	1085 mm	1035 mm
D1	Hintere Fahrzeug-Überhanglänge	950 mm	1170 mm	1640 mm	2040 mm
E	Höhe über Fahrerhaus, unbelastet	2760 mm	2760 mm	2760 mm	2760 mm
F	Länge der Ladefläche	—	4000 mm	5000 mm	6000 mm
G	Breite der Ladefläche	—	2320 mm	2340 mm	2340 mm
H	Bordwandhöhe	—	400 mm	500 mm	500 mm
J	Höhe der Ladefläche, belastet	—	1285 mm	1265 mm	1265 mm
K	Rahmenhöhe, belastet über	900 mm	900 mm	900 mm	900 mm
L	Höhe Ladefläche über Rahmenoberkante	—	385 mm	365 mm	365 mm
M	Breite über alles	2500 mm	2500 mm	2500 mm	2500 mm
N	Spurweite vorn	1900 mm	1900 mm	1900 mm	1900 mm
O	Spurweite hinten	1763 mm	1763 mm	1763 mm	1763 mm
P	Maß über äußere Hinterräder	2398 mm	2398 mm	2398 mm	2398 mm
Q	Abstand Mitte Anhängerkupplungsbolzen bis Mitte Hinterachse	974 mm	1142 mm	1742 mm	2142 mm
R	Höhe Mitte Anhängerkuppl., belastet	787 mm	787 mm	787 mm	787 mm
S	Höhe über Plangestell, normal unbelastet	—	760 mm	3250 mm	3250 mm
T	Rahmenbreite	760 mm	760 mm	720 mm	760 mm
	Kleinster Spurkreisdurchmesser	13,7 m	16,4 m	18,0 m	19,8 m
	Kleinster Wendekreisdurchmesser	14,8 m	17,5 m	19,1 m	20,9 m
	Bodenfreiheit vorn / hinten ca.	507/352 mm	507/352 mm	507/352 mm	507/352 mm

Änderungen vorbehalten. — Lt. VDA Revers, Techn. Angaben entspr. DIN 70 020 u. 70 030

Printed in Germany

MASCHINENFABRIK AUGSBURG-NÜRNBERG AG. · WERK MÜNCHEN

7 B 3

D 22 28 33/Inl.

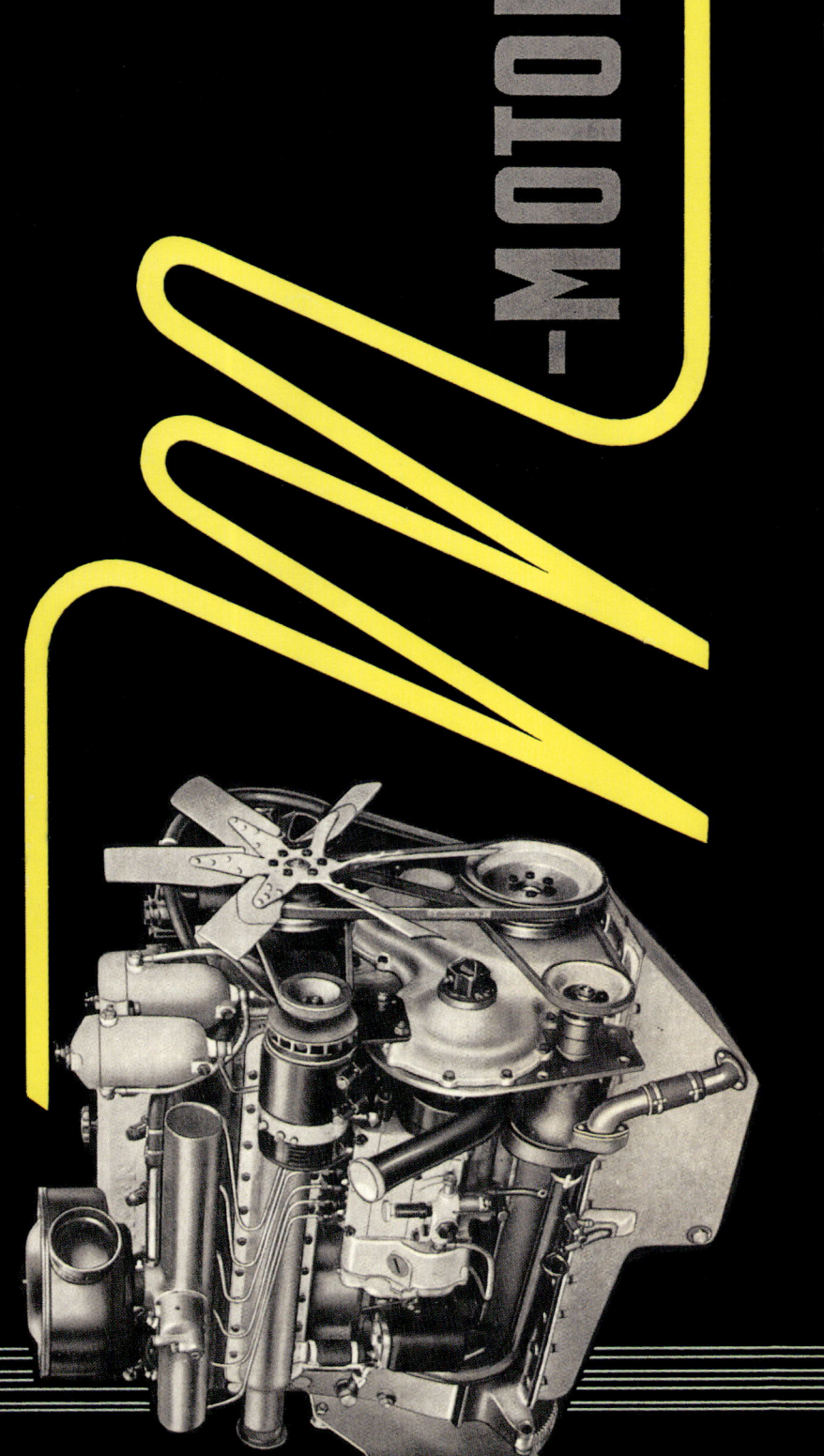

M-MOTOR

M·A·N
DIESEL

MASCHINENFABRIK AUGSBURG-NÜRNBERG A.G., WERK NÜRNBERG

149

In der Geschichte der Technik

sind die Namen Diesel und M·A·N untrennbar miteinander verbunden.

Im Werk Augsburg der M·A·N lief 1897, nach vierjähriger unverzagter Zusammenarbeit mit dem Erfinder, der erste Dieselmotor der Welt. Damit war eine neuartige Wärmekraftmaschine geschaffen, dazu bestimmt, durch ihre hohe Wirtschaftlichkeit in der Energieerzeugung weltweite Anwendung zu finden und der Technik neue Wege zu erschließen.

Gestützt auf ihre mehr als hundertjährige Geschichte und die während dieser Zeit gewonnenen Erfahrungen, haben die beiden Werke Augsburg und Nürnberg sich insbesondere der Weiterentwicklung des Dieselmotors gewidmet und konnten im Jahre 1924 auf der Automobil-Ausstellung in Berlin ihren ersten Dieselkraftwagen der Weltöffentlichkeit vorstellen.

Der Siegeszug des Dieselmotors auf dem Gebiete der Kraftverkehrstechnik begann. Bis zum zuverlässigen Fahrzeug-Dieselmotor von heute war es jedoch ein weiter Weg. Techniker und Erfinder vervollkommneten den Fahrzeug-Dieselmotor und erreichten in den nächsten Jahrzehnten, daß der „Diesel" infolge seiner hohen Wirtschaftlichkeit und Zuverlässigkeit nicht mehr aus dem Verkehrsleben wegzudenken ist.

Gerade für schwerere Fahrzeuge bietet er unbestrittene Vorteile. Doch zeigten alle Motoren mehr oder minder starke Verbrennungsgeräusche, die zwar im Laufe der Entwicklung eingedämmt werden konnten, sich aber besonders im Leerlauf und bei kaltem Motor unangenehm bemerkbar machten.

Wieder war es die M·A·N, die auf diesem Gebiete bei ihren Forschungs- und Versuchsarbeiten besonders erfolgreich war und das Werk Nürnberg konnte im Januar 1954 erstmalig einen laufruhigen, neuen Dieselmotor der Öffentlichkeit vorführen. Die neuen „M"-Motoren, gleichgültig welcher Zylinderzahl und welcher Größe, arbeiten ohne die bisherigen typischen Verbrennungsgeräusche im gesamten Drehzahlbereich!

Mit dem „M"-Motor, geräuscharm und noch sparsamer, hat ein neuer Abschnitt im Fahrzeug-Dieselmotorenbau begonnen.

Der neue M-Dieselmotor

geräuscharm · elastisch · noch sparsamer

Technische Daten

Arbeitsverfahren	4 takt
Verbrennungsverfahren: direkte Einspritzung in den Mittenkugel-Brennraum — geräuscharm.	
Zylinderzahl	6
Bohrung	112 mm
Hub	140 mm
Zylinderinhalt	8276 m³
Zündfolge	1 5 3 6 2 4
Verdichtung	1 : 17
Einspritzdruck	175 atü
Gewicht	765 kg

Leistung (PS) — Drehmoment (mkg) — Kraftstoffverbrauch (g/PSh)

Leistung und Verbrauch

Höchstleistung	135 PS — 2100 U/min
Spez. Kraftstoffverbrauch	~ 160 g/PSh
Ölverbrauch	unter 1 g/PSh

TYP D 1246 M 2

hohe Leistung, große Durchzugskraft, bei allen Drehzahlen, hervorragende Startfähigkeit, gleichmäßiger Gang im Leerlauf und bei hoher Belastung, größte Elastizität im Fahrbetrieb, lange Lebensdauer, äußerst geringer Kraftstoffverbrauch.

DAS GEHEIMNIS

für den geringen Kraftstoffverbrauch und die Geräuscharmut des M-Dieselmotors liegt in dem neuen Verbrennungsverfahren. Bei diesem Verfahren hat der Brennraum eine halbkugelige Form und liegt in der Mitte des Kolbens. Dadurch wird eine gleichmäßige und trotz hoher Motorleistung nur niedrige Wärmebeanspruchung des Kolbens erreicht. — Der Kraftstoff wird durch eine Zweilochdüse eingespritzt, die durch einen neuartigen Einbau besser gekühlt ist. Eine Verkokung der Spritzbohrungen oder ein Undichtwerden des Nadelsitzes kann daher nicht eintreten. Die Düse ist somit besonders betriebssicher.

Das M-Verfahren verleiht dem Motor außer einem sehr niedrigen Kraftstoffverbrauch eine praktische geräuschlose Verbrennung, verbunden mit größter Elastizität und einem überraschend weichen Lauf, durch den auch bei höchster Leistung die größte Lebensdauer garantiert ist.

M·A·N DIESEL

Vollkommene Staubabdichtung aller Wellendurchtritte

Sämtliche Bedienungsstellen des Motors auf der rechten Seite

① **Einspritzpumpe:**

Bauart Bosch mit automatischer Verstellung des Einspritzzeitpunktes in Abhängigkeit von der Drehzahl und der Einspritzmenge.

(Zwecks leichterer Wartung an der in Fahrtrichtung rechts liegenden Motorseite auf getrenntem Konsol mit kräftig gelagertem Antrieb angeordnet).

② **Einspritzdüsen:**

Bosch-Zweiloch-Düsen mit neuartiger Einspannung zur guten Kühlung.

③ **Kraftstofförderpumpe:**

Bosch-Kolbenpumpe, an Einspritzpumpe angebaut.

④ **Regler:**

Bosch-Fliehkraftregler, Abregelbeginn bei 2000 U/min (auf Wunsch für stationäre Verwendung Verstellregler gleichen Fabrikates).

⑤ **Kraftstoffilter:**

Zweistufige Filteranordnung Bauart Bosch oder Knecht.

⑥ **Luftfilter:**

Wirbel-Ölbad-Luftfilter.

⑦ **Kühlung:**

Völlig wartungsfreie, stopfbüchsenlose Kühlwasserpumpe; Flügelrad aus korrosionssicherem Werkstoff. Pumpe durch Gummikeilriemen von der Kurbelwelle angetrieben. Riemen durch Verschieben der Pumpe nachstellbar.

⑧ **Lichtmaschine:**

Bosch-Lichtmaschine, 12 V-Spannung, Leistung je nach Strombedarf, Riemen durch Schwenken der Lichtmaschine nachstellbar. (Auf Wunsch auch 24 V-Lichtmaschine lieferbar).

⑨ **Kaltstartgerät:**

Dasselbe benutzt eine im Ansaugrohr brennende, also nicht nach außen tretende, Gasölflamme. Die für den Kaltstart notwendige Wärmemenge wird also ohne Inanspruchnahme der Starterbatterie erzeugt. Rascher und sicherer Start auch bei extremen Kältegraden.

⑩ **Drehzahlwarngerät:**

Dieses Gerät (Geber) signalisiert dem Fahrer durch eine Blinklampe das Erreichen gefährlicher Überdrehzahlen.

⑪ **Öleinfüllstutzen**

⑫ **Ölmeßstab**

⑬ **Ölfilter:**

Doppelte Schmierölreinigung durch Siebölfilter und Nebenstrom-Feinfilter.

⑭ **Ölwanne:**

mit reichlichem Ölvorrat. Zuverlässige Schmierung auch bei starker Schrägneigung des Fahrzeuges. Wärmetau-

152

19) Zylinder:
Auswechselbare, trockene Zylinderlaufbüchsen aus besonders verschleißfestem Werkstoff im Grauguß-Kurbelgehäuse eingesetzt.

20) Zylinderköpfe:
Zwei gleiche Zylinderköpfe für je 3 Zylinder gemeinsam.

21) Kolben:
Kolben, gekühlt durch Ölstrahl, aus Leichtmetallegierung; geringe Wärmeausdehnung, 3 Kompressionsringe, 1 Ölabstreifring, oberster Kolbenring verchromt, lange Lebensdauer dank besonders gut ausgebildeter Ölumlaufschmierung um den Kolben.

22) Pleuelstangen:
Doppel-T-Profil, im Gesenk geschmiedet, hochvergüteter Edelstahl, Stangenschaft im Bereich der höchsten Beanspruchungen fein bearbeitet. Zur Montageerleichterung schräg geteilt und nach oben ausbaubar. Pleuellagerschalen: Stahl mit Bleibronzeschicht.

23) Kurbelwelle:
Kräftig bemessen, siebenfach gelagert, Lagerstellen besonders gehärtet, daher praktisch unbegrenzte Lebensdauer. Doppelte Gegengewichte an jeder Kröpfung in Verbindung mit sorgfältiger dynamischer Auswuchtung und einem Schwingungsdämpfer gewährleisten erschütterungsfreien Lauf der Welle im ganzen Drehzahlbereich. Schwungrad mit auswechselbarem Anlaßzahnkranz.

Motoraufhängung
an vorderer und hinterer Stahlplatte, daher Gefahr eines Gehäusebruches bei Unfällen stark herabgesetzt

18) Luftpresser:
Für Bremse und Reifenfüllung. Zweizylinder-Tauchkolbenluftpresser mit hoher Leistung (300 ccm Hubvolumen), angetrieben durch nachstellbaren Keilriemen von der Kurbelwelle aus.

16) Kurbelgehäuseentlüftung:
Entlüftungsrohr nach unten gezogen, um den Öldunst ohne Belästigung unter dem Führerhaus abzuleiten.

17) Anlasser:
Anlasser: 4 PS, 24 Volt, Betrieb durch 2 Batterien mit je 12 Volt und 135 Amp.-Std. über Batterieumschalter.

TYP
D 1246 M 2

...scher in der Ölwanne zur selbsttätigen Regulierung der Öltemperatur (Schmierölstabilisierung).

15) Lüfter:
mit exzentrischer Lagerung zur Nachstellung des Keilriemens.

Luftverdichter mit hoher Leistung

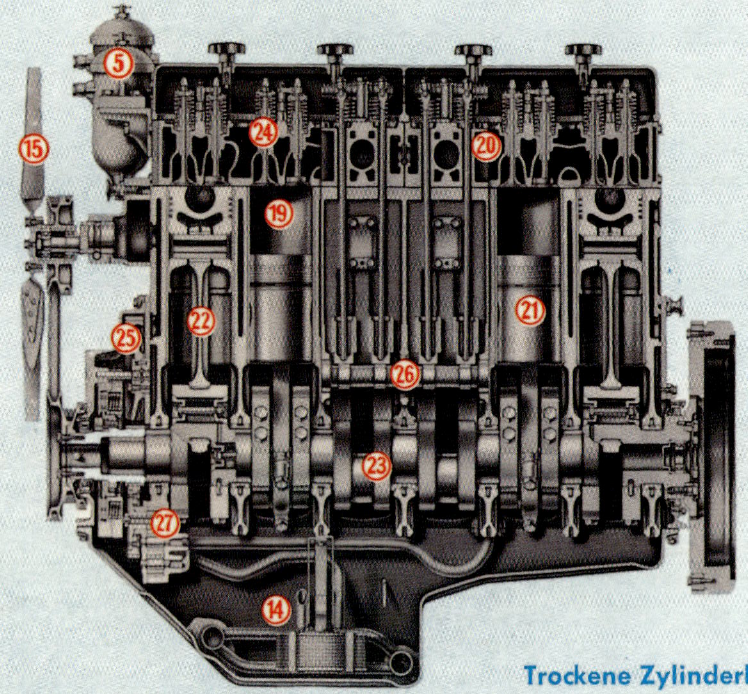

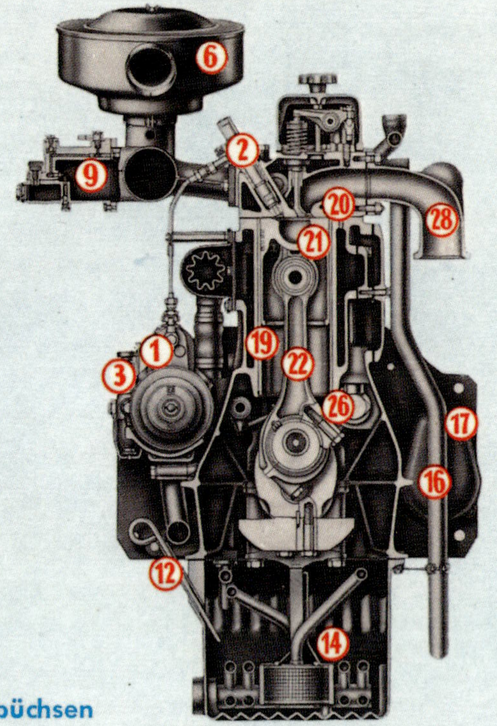

Trockene Zylinderlaufbüchsen

Wichtigste Einbaumaße

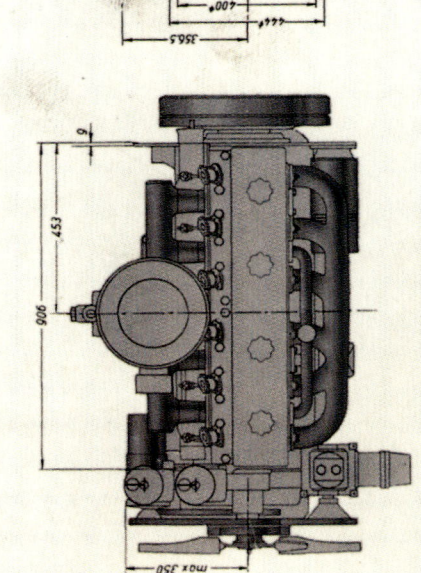

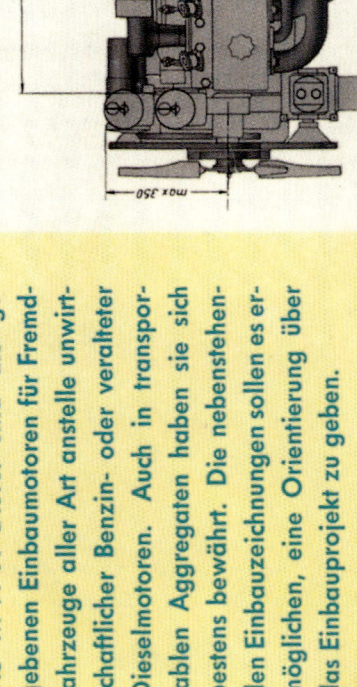

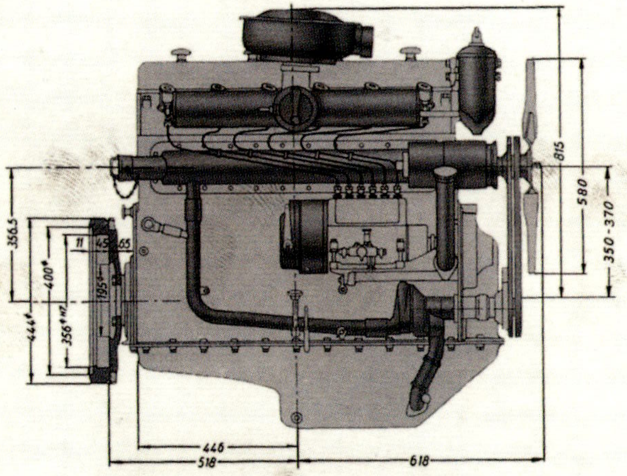

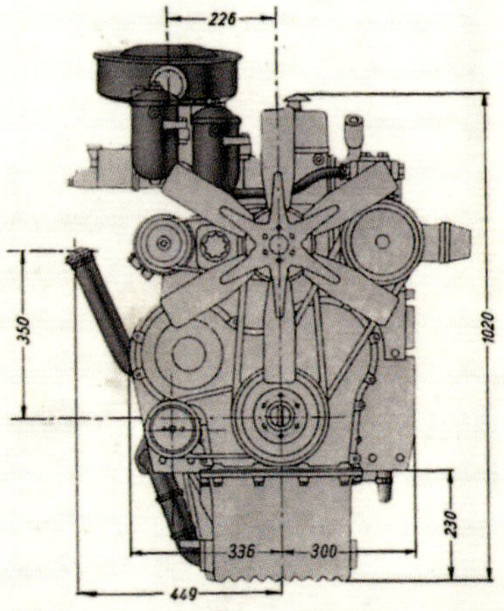

㉔ Ventile:

Hängend angeordnete Ein- und Auslaßventile aus hitzefestem Chrom-Siliziumstahl. Betätigung durch Stoßstangen und Kipphebel.

㉕ Steuerung:

Schräg verzahnte Steuerräder.

㉖ Nockenwelle:

vierfach gelagert, Hartguß-Ventilstößel.

㉗ Schmierung:

Druckumlauf-Schmierung durch Zahnradpumpe. Besondere Ölzuführung zu jedem Kurbelwellen -und Pleuellager. Druckschmierung des Steuerradantriebes der Nockenwelle, Schwinghebel, Ventilstößel und Führungen. Luftpresser am Motorschmiersystem angeschlossen.

㉘ Auspuff:

Auspuffsammelleitung zum Ausgleich von Wärmespannungen zweigeteilt.

EINBAUMOTOREN

Die M·A·N-Diesel sind die gegebenen Einbaumotoren für Fremdfahrzeuge aller Art anstelle unwirtschaftlicher Benzin- oder veralteter Dieselmotoren. Auch in transportablen Aggregaten haben sie sich bestens bewährt. Die nebenstehenden Einbauzeichnungen sollen es ermöglichen, eine Orientierung über das Einbauprojekt zu geben.

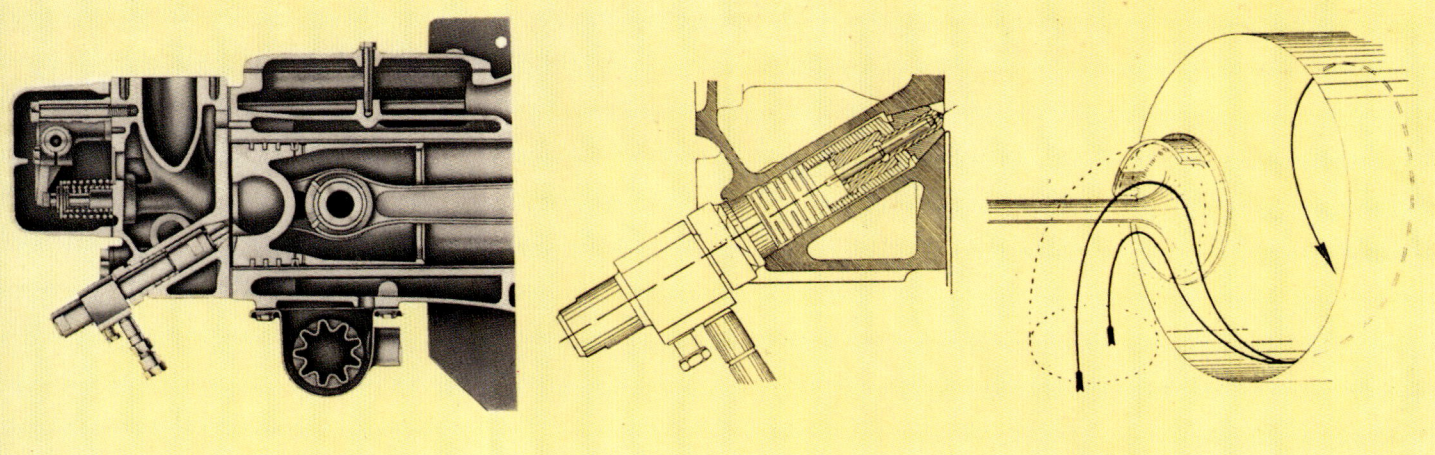

M = Verfahren

DAS NEUE VERBRENNUNGSVERFAHREN DES M·A·N·DIESELMOTORS

Die Entwicklung des neuen Verfahrens war ein schweres Stück Arbeit, da zwar alle Vorteile des bisherigen Kugelbrennraumes erhalten bleiben, alle Nachteile dagegen gründlichst ausgemerzt werden sollten. So blieb die klare äußere Linie der M·A·N·-Motoren mit der guten Zugänglichkeit für die Düsen voll erhalten und nur der Fachmann kann an der etwas geänderten Einbauart der Düsen den neuen „M"-Motor auch äußerlich erkennen. Gleichzeitig ergibt sich durch die Beibehaltung der äußeren Formen die Möglichkeit, die bisherigen Motoren auf das neue Verfahren umzubauen. Größere Änderungen erfahren jedoch der Kolben und die Düse.

Umfangreiche Versuche hatten gezeigt, daß es für die Dauerhaltbarkeit und das Laufverhalten der Kolben entscheidend ist, heiße Stellen und unsymmetrische Materialanhäufungen zu vermeiden. So blieb zwar der Brennraum im Kolben, aber er wurde symmetrisch zur Kolbenachse in die Mitte verschoben — daher der Name Mittenkugelverfahren — und die Brennraumöffnung so erweitert, daß deren Durchmesser nahezu dem Brennraumdurchmesser und somit die Brennraumform mehr einer Halbkugel entspricht. Der gefährdete Rand der Kugelöffnung, der bei der bisherigen exzentrischen Anordnung des Brennraumes im Falle der Überlastung zum Reißen neigte, ist somit beseitigt worden.

Eine weitere, bedeutsame Änderung erfuhr die Düse. Hier war vor allem dafür zu sorgen, daß die Düsennadel nicht in der Düsenbüchse festbrennen konnte. Es wird deshalb eine Düsenbauart verwendet, bei der die Nadelführung vom Brennraum weg in eine möglichst kühle Zone verlegt wurde. Dies ermöglichte gleichzeitig, die Düse in ihrem vorderen Teil zu verkleinern, so daß die dem Brennraum und damit den heißen Gasen ausgesetzte Fläche wesentlich kleiner als bisher wird. Weiterhin sorgt ein konischer Dichtungsteil dafür, daß die von dem Düsenschaft aufgenommene Wärme sofort auf die gekühlten Wandungen übergehen kann. Die Düse ist somit bis an ihre Kuppe bestens gekühlt und jede Verkokung der beiden Düsenbohrungen, der Nadel oder des Nadelsitzes unterbunden. Um ein Verspannen der Düse, was ebenfalls zu einem Verklemmen der Nadel führen kann, zu vermeiden, wird nicht wie bisher der Düsenhalter an seinem oberen Ende durch ein Joch befestigt, sondern eine Feder drückt unmittelbar auf die Düsenmutter, wobei die Vorspannung der Feder durch einen Bund auf den gewünschten Wert beschränkt wird. Unabhängig von Wärmespannungen oder Erschütterungen wird die Düse dadurch spannungsfrei an ihrem Platz gehalten.

Wichtig für die Verbrennung des von der Düse in zwei Strahlen eingespritzten Kraftstoffes ist das Vorhandensein einer kreisenden Luftbewegung im Brennraum. Diese Luftbewegung wird schon während des Saughubes in dem Zylinder angeworfen, und zwar dadurch, daß das Einlaßventil einen Schirm erhalten hat, der der Luft den Eintritt in den Zylinder bevorzugt nur in einer Richtung gestattet. Der einseitige Luftstrahl wird an der Zylinderwand zu der kreisenden Luftbewegung umgelenkt. Durch die Massenträgheit der Luft bedingt, bleibt diese Bewegung nahezu ungeschwächt während des Verdichtungshubes erhalten und steht dann bei der Einspritzung und Verbrennung als sehr wirksame Unterstützung der Gemischbildung zur Verfügung. Da die Eintrittsgeschwindigkeit der Luft in den Zylinder bis 100 m/sec beträgt, übersteigt die minütliche Drehzahl des Wirbels im Brennraum die der Kurbelwelle um nahezu das Zehnfache.

Der weiche Ablauf der Verbrennung auf der einen Seite, ein thermisch und mechanisch robuster Kolben mit Ölspritzkühlung, sowie eine in allen Einzelheiten sorgfältig gekühlte Düse auf der anderen Seite, sind die Merkmale des neuen M-Verfahrens, die den M·A·N·-Motoren der neuen Typen eine hohe Dauerleistung und größte Lebensdauer bei niedrigstem Verbrauch geben.

D 22559

Printed in Germany

6 Z 10

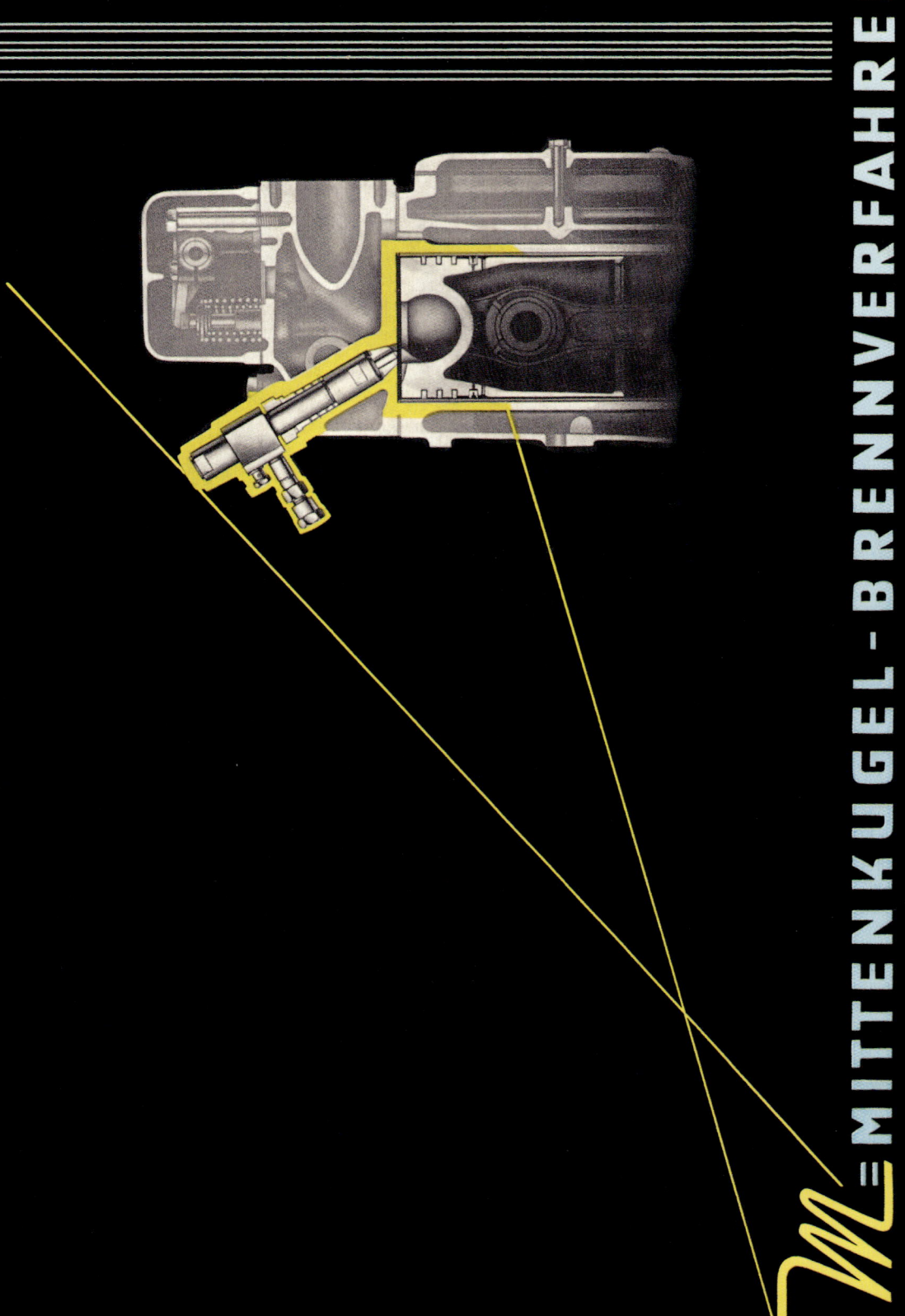

M·A·N TURBO
DIESEL
TYP 750 TL1

Die neue Hinterachse

Ihr besonderes Merkmal ist, daß alle Beanspruchungen aus der Fahrzeuglast und den Fahrbahnstößen ausschließlich durch die Tragachse aufgenommen und von den beweglichen Teilen der Achse — dem Triebwerk — ferngehalten werden. Als Werkstoff für die Kegelräder wird hochlegierter Chrom-Nickel-Stahl verwendet. Die Schmierung der Antriebselemente im Achsmittelgehäuse und in den beiden Achsseitengehäusen erfolgt über eine mittels Exzenter angetriebene Ölpumpe und gewährleistet auf diese Weise, daß alle Zahnräder und Wälzlager laufend reichlich mit Öl versorgt werden. Die wirksame Bremsbelagstärke wurde auf 20 mm erhöht, um eine bedeutend längere Lebensdauer des Belages bis zu seiner Erneuerung zu erreichen.

Das Fahrgestell

Dieser Schwerlastwagen, ausgerüstet mit einem neuen geräuscharmen M·A·N-Turbo-Dieselmotor, wurde besonders für den Fernverkehr entwickelt. Ein kräftiger U-Profilrahmen, dessen Längsträger über der Hinterachse eingezogen sind, übertragen den Schub direkt auf die Rahmen-Hauptträger. Quer- und Längsträger sind miteinander vernietet. Das Fahrgestell gestattet Aufbauten für alle Zwecke. Sorgfältig abgestimmte Blattfedern mit progressiv wirkender Zusatzfederung für die Hinterachse. — Sichere Straßenlage —

Das neue Fahrerhaus

in stabiler Ganzstahlausführung bietet größten Schutz bei Unfällen. Es wurde wesentlich vergrößert und ist zweckmäßig und bequem ausgestattet. Der in jeder Richtung verstellbare und mit Schaumgummi gepolsterte Fahrersitz ermöglicht ein ermüdungsfreies Fahren. Die Armaturen liegen sämtlich im Blickfeld des Fahrers und alle Bedienungshebel sind leicht erreichbar. Schwenkfenster auf beiden Seiten und Eckfenster an den Eckstollen, ein Klapptisch und Leselampen lassen das Fahrerhaus zu einem angenehmen und bequemen Aufenthalt werden.

Abgas-Turbo-Aufladung

Das M·A·N-Aufladeverfahren ermöglicht bei gleichen Zylinderabmessungen und gleicher Drehzahl eine Leistungssteigerung bis zu 40%. Außerdem gewährleistet die Turbo-Aufladung beim Einsatz in Gebieten größerer Höhenlage noch eine Leistung, die der Nennleistung des nicht aufgeladenen Motors entspricht. Die Turbine, nur durch die Abgase getrieben, führt dem Motor die Verbrennungsluft unter Druck zu. Mit Abgas-Turbo-Aufladung arbeitet der neue M-Motor noch bedeutend ruhiger.

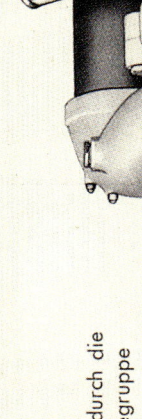

2212490a

Schnitt durch die Aufladegruppe

Der neue Motor

Der neue geräuscharme 6-Zylinder M·A·N-Dieselmotor Typ D 1246 M 2 T 1 mit Aufladegruppe — Noch günstigerer Kraftstoffverbrauch — Verbesserte Zugleistung im unteren Drehzahlbereich bei völligem Fortfall des Zündgeräusches.

Arbeitsverfahren	4-Takt-Diesel — M-Verfahren (geräuscharm) mit Abgas-Turbo-Aufladung
Hub	140 mm
Bohrung	112 mm
Zylinderzahl	6
Hubvolumen	8276 cm³
Leistung	155 PS bei 2000 U/min.
Drehmoment	62 mkg
Kraftstoffnormverbrauch	17,35 Ltr./100 km
Ölverbrauch	etwa 0,3 Ltr./100 km

TECHNISCHE ANGABEN FÜR DEN NEUEN SCHWERLASTWAGEN TYP 750 TL 1:

DAS FAHRGESTELL:

Lenkung:	ZF-Einfingerlenkung
Kupplung:	Einscheiben-Trockenkupplung ZF — Typ LA 70
Wechselgetriebe:	ZF AK 6/55 Allklauen-Leichtschaltgetriebe · 6 Vorwärts-Gänge, 1 Rückwärts-Gang
Fußbremse:	Druckluftbremse kombiniert mit M·A·N-Federspeicherbremse auf alle vier Räder wirkend Trittplattenventil
Handbremse:	Feststellbremse mit Unterstützung durch den Federspeicher-Bremszylinder auf die Antriebsräder wirkend
Räder:	Trilexräder mit Schrägschulterfelge 8,5—20 · Bereifung 12.00—20 eHD Reifenaufzugs-Vorrichtung für Reserverad-Aufhängung
Kraftstoffbehälter:	1 Behälter = 130 l, 1 Reservebehälter auf Wunsch lieferbar
Vorderachse:	Faustachse gekröpft
Hinterachse:	M·A·N-Bauweise, Tragachse vom Hinterachs-Triebwerk getrennt, mit Kegelrad-Vorgelege im Achsmittelgehäuse und 2 Stirnradvorgelegen in den Achsseitengehäusen, Schmierung aller Zahnräder und Wälzlager durch im Achsmittelgehäuse eingebaute Ölpumpe.

GEWICHTE:

(Lastwagen mit Pritschenaufbau in Normalausführung) Radstand 5000 mm

Eigengewicht des Fahrgestells ohne Fahrerhaus	ca.	5700 kg
Eigengewicht des betriebsfertigen Fahrzeuges (ohne Werkzeug, Spriegel, Plane, Reservereifen und Fahrer) je nach Aufbau	ca.	6800 kg
Leergewicht des betriebsfertigen Fahrzeuges (einschließlich 1 bereiften Reservefelge, Fahrer und Werkzeug) je nach Aufbau	ca.	7100 kg
Rahmentragfähigkeit		9300 kg
zulässiger Vorderachsdruck		5300 kg
zulässiger Hinterachsdruck		10000 kg
zulässiges Fahrzeug-Gesamtgewicht		15000 kg
Anhänger-Gesamtgewicht bei einer Lastzugsteigfähigkeit von 16,5%		16000 kg
bei einer Lastzugsteigfähigkeit von 12,7%		24000 kg
zulässiges Lastzug-Gesamtgewicht		39000 kg

GESCHWINDIGKEITEN UND STEIGFÄHIGKEITEN:

		kg	15000		
Lastwagengewicht		kg	15000		
Anhänger-Gesamtgewicht		kg		16000	24000
Lastzug-Gesamtgewicht		kg		31000	39000
Hinterachsuntersetzung			6,08		

		Geschw. km/h	Steigung %	Steigung %	Steigung %
1. Gang	i = 9,35	7,5	36,2	16,5	12,7
2. Gang	i = 5,47	12,7	29,4	8,8	6,6
3. Gang	i = 3,74	18,8	13,3	5,4	3,9
4. Gang	i = 2,42	29,0	7,8	2,8	1,8
5. Gang	i = 1,59	44,3	4,5	1,4	0,5
6. Gang	i = 1,0	*)70,5	2,3	0,1	—
R. Gang	i = 7,98	8,75	29,7	13,3	10,5

Kleinste Geschwindigkeit im 1. Gang bei Drehmomentenspitze	4,7 km/h
Kleinste Geschwindigkeit im 1. Gang in der Ebene	1,8 km/h

*) Gilt nur für Motorwagen ohne Anhänger. Obige Werte sind ermittelt für Reifengröße 12.00—20 eHD

ABMESSUNGEN:

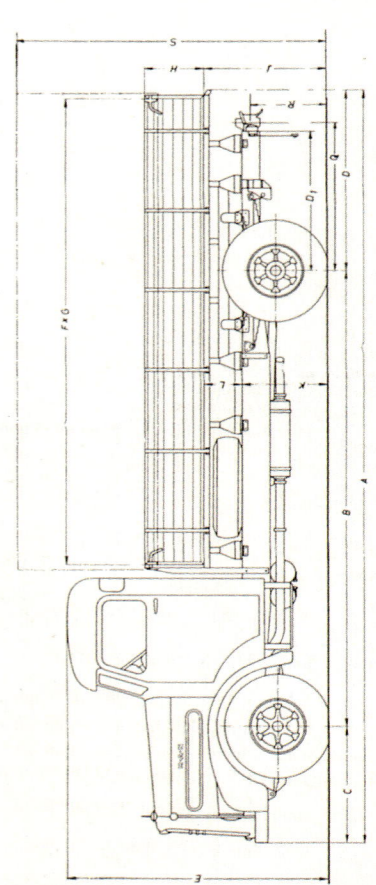

		für Sattelschlepper	für Kipper	für LKW Normalaufbau	für Sonderaufbau
B	= Radstände	4000 mm	4500 mm	5000 mm	5500 mm
A	= Länge über alles	6485 mm	7140 mm	8090 mm	9090 mm
C	= Vordere Fahrzeug-Überhanglänge	1220 mm	1220 mm	1220 mm	1220 mm
D	= Hintere Fahrzeug-Überhanglänge	1195 mm	1350 mm	1800 mm	2300 mm
D1	= Hintere Rahmen-Überhanglänge	1040 mm	1040 mm	1370 mm	1870 mm
E	= Höhe über Fahrerhaus, unbelastet	2745 mm	2745 mm	2745 mm	2745 mm
F	= Länge der Ladefläche	—	4000 mm	5000 mm	6000 mm
G	= Breite der Ladefläche	—	2320 mm	2340 mm	2340 mm
H	= Bordwandhöhe	—	500 mm	600 mm	600 mm
J	= Höhe der Ladefläche, belastet	—	1325 mm	1305 mm	1305 mm
K	= Rahmenhöhe, belastet	900 mm	900 mm	900 mm	900 mm
L	= Höhe Ladefläche über Rahmenoberkante	—	425 mm	405 mm	405 mm
M	= Breite über alles	2500 mm	2500 mm	2500 mm	2500 mm
N	= Spurweite vorn	2052 mm	2052 mm	2052 mm	2052 mm
O	= Spurweite hinten	1784 mm	1784 mm	1784 mm	1784 mm
P	= Maß über äußere Hinterräder	2450 mm	2450 mm	2450 mm	2450 mm
Q	= Abstand Mitte Anhängerkupplungsbolzen bis Mitte Hinterachse	1065 mm	1065 mm	1475 mm	1975 mm
R	= Höhe Mitte Anhängekuppl., belastet	807 mm	807 mm	807 mm	807 mm
S	= Höhe ü.Plangestell,norm.unbelast. ca.	—	—	3300 mm	3300 mm
T	= Rahmenbreite vorn	950 mm	950 mm	950 mm	950 mm
T1	= Rahmenbreite hinten	760 mm	760 mm	760 mm	760 mm
	Kleinster Spurkreisdurchmesser	15,1 m	16,6 m	18,2 m	20,0 m

Änderungen vorbehalten · lt. VDA-Revers, Techn. Angaben entspr. DIN 70020 und DIN 70030

MASCHINENFABRIK AUGSBURG-NÜRNBERG A.G. WERK NÜRNBERG

Printed in Germany

D 22558

4 Z 5